湘式风味小吃

主　编　何秀满　蒋　彦　向　军

副主编　刘同亚　朱瑶瑶　周国银

　　　　陈群群　蔡鲁峰

参　编　陈新欣　高　狄　何　彬

　　　　李美钊　刘　郴　申传许

电子工业出版社

Publishing House of Electronics Industry

北京·BEIJING

内 容 简 介

本书共有 6 个项目，项目一主要介绍湘式风味小吃的定义、湘式风味小吃的特色、湘式风味小吃的分类。项目二到项目六根据不同地理区域将湖南划分为五大地区：长株潭地区、洞庭湖地区、湘南地区、湘西地区、大梅山地区。每个地区按照所在地市州分别介绍具有代表性的小吃品种，具体编写体例为导入、工具、原料、制作过程、制作关键等环节，全方位展现每个产品的地域特色。

本书兼顾教育教学和培训需求的和谐统一，注重理论性和实用性相结合，既适合作为职业院校烹饪相关专业教材，又可以作为相关从业人员培训指导用书。

图书在版编目（CIP）数据

湘式风味小吃 / 何秀满，蒋彦，向军主编 . —北京：电子工业出版社，2021.8

ISBN 978-7-121-41894-5

Ⅰ. ①湘… Ⅱ. ①何… ②蒋… ③向… Ⅲ. ①风味小吃－食谱－湖南－中等专业学校－教材

Ⅳ. ①TS972.142.64

中国版本图书馆 CIP 数据核字（2021）第 175697 号

责任编辑：陈 虹

印　　刷：北京虎彩文化传播有限公司

装　　订：北京虎彩文化传播有限公司

出版发行：电子工业出版社

　　　　　北京市海淀区万寿路 173 信箱　邮编 100036

开　　本：787×1 092　1/16　印张：11.5　字数：255 千字

版　　次：2021 年 8 月第 1 版

印　　次：2025 年 2 月第 4 次印刷

定　　价：48.50 元

前 言

　　"民以食为天"，饮食包含着人们对于生活、对于人生的理解，然而受地理环境影响，各地饮食往往存在着诸多差异性。这种差异性所折射出来的恰恰是地域文化的丰富性和多样性，《湘式风味小吃》这本书正是基于这个意义，收集湖南各地具有特色的点心和小吃，进而通过对产品故事的挖掘、产品原料的了解、产品技法的深究和产品口味的探索，反映湖南地区的物质及社会生活风貌，体现湖南地区的饮食文化，体现湖南地区的人文素养。

　　本书由湖南省人力资源和社会保障厅职业技能鉴定中心（湖南省职业技术培训研究室）组织编写，湖南省商业技师学院何秀满统筹，长沙商贸旅游职业技术学院蒋彦、湖南旅游技师学院（筹）向军协助完成制定调研计划、编写计划与方案、编写提纲、协调编写内容。最后由何秀满完成评审送审相关工作。本书项目一、二由湖南省商业技师学院何秀满、陈新欣、何彬，湘西民族职业技术学院陈群群编写；项目三、四由长沙商贸旅游职业技术学院蒋彦，长沙商贸旅游职业技术学院周国银，资兴职业技术学校申传许，郴州技师学院刘郴编写；项目五、六由湖南旅游技师学院（筹）向军、李美钊，湖南省商业技师学院朱瑶瑶、何秀满，邵阳商业技工学校高狄编写。全书由湖南省商业技师学院何秀满、刘同亚、蔡鲁峰校稿。

　　由于编者知识水平有限，书中不足和错误之处在所难免，恳请广大读者予以批评指正，以便再版时修订补充。

目　录

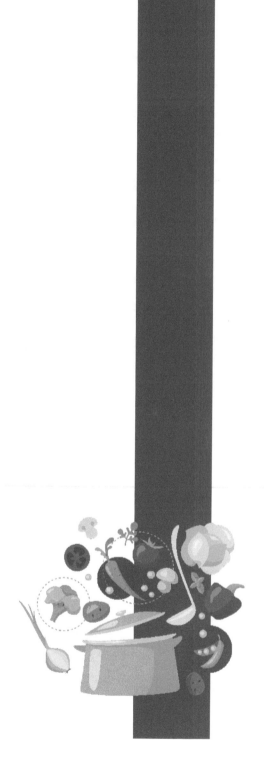

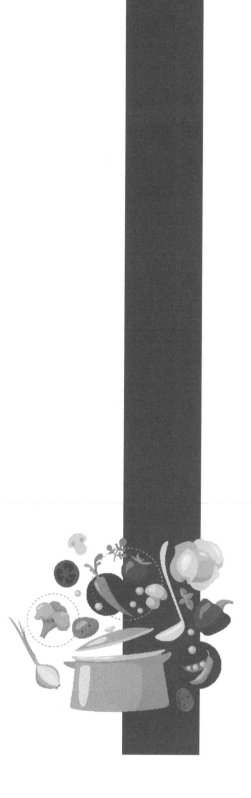

项目一

湘式风味小吃概述

  湖湘地区是著名的"鱼米之乡",物产资源十分丰富,面食点心品类众多。湘式风味小吃以湘江流域、洞庭湖地区和湘西山区三种地方风味为主,有着悠久的历史和浓厚的地域特色,用料和工艺十分独特,如传统的湖南四大名糕:宁乡砂仁糕、湘潭灯芯糕、湘乡烘糕、沅江麻香糕。除此之外,在湖湘少数民族地区也有大量的特色风味小吃,如流行于湘西苗族、土家族聚居区的苗族蒸糯米肠、糯米酿肠、糖馓,都是契入民众社会生活习俗的传统小吃。

任务一　湘式风味小吃的定义

　　小吃是一类在口味上具有特定风格特色的食品的总称。一般而言，小吃是主食的辅助，是人们在食用主食之余为了满足某种特殊的口腹需求而选择的食物，在人们日常饮食中具有举足轻重的地位。

　　湖湘饮食文化的繁荣发展离不开湘式风味小吃的推动。湘式风味小吃是湖湘地区居民在饮食文化生产活动中利用本地区特色的食材、原料经过特殊的工艺制作的具有鲜明地方特色的食物的总称。湘式风味小吃就地取材，突出反映了湖南地区的物质文化及社会生活风貌，也是当地不可或缺的重要旅游特色，更是离乡游子们思念家乡的主要对象。

　　湘式小吃风味独特。一方面，受气候和地形的影响，湖湘地区盛产稻谷，长期以来形成了食用米制品的习俗，湘式风味小吃也大量使用米制品为原料，大米原料主要为米团类，多在岁时年节的节日点心中广泛使用，如清明节的艾蒿粑粑、青团，春节的糍粑，元宵节的汤圆等，米制品在湘点中的广泛使用反映了本地居民善于就地取材、物尽其用的智慧。另一方面，湖湘民众对含热量和脂肪高的糖和油脂情有独钟，在很多特色湘式小吃中均体现了这一现象，如长沙火宫殿的知名小吃糖油粑粑，是用糖作为传热介质促使点心成熟，呈现出软糯香甜的口感让人回味无穷。另外，湘式风味小吃还具有博采众长、兼收并蓄的特点，主要体现在品种、口味和制作工艺的融合上，除湖湘传统的特色米制品点心外，还广泛吸收了北方地区的麦制品点心的精华，以及周边地区特别是广式点心的技法及制作工艺等。

任务二　湘式风味小吃的特色

　　湘式饮食文化源远流长，这里只简单梳理下湘式风味小吃的发展脉络。

　　湘式风味小吃特色鲜明，火宫殿是长沙著名的特色景点，拥有悠久的历史和厚重的文化底蕴，它本身是一个火神庙，是湖南省内最重要的祭祀火神之地和历史文物保护单位。在20世纪50年代前，火宫殿主要承办各类祭祀活动，20世纪50年代后，火宫殿前的小吃摊、湘菜馆逐渐组合成火宫殿饮食店，传统的湘菜、小吃在此地集中，特别是改革开放后，火宫殿饮食店及周围的坡子街、太平老街逐渐发展成为国内著名的小吃美食聚集地。火宫殿的美食小吃是湘式风味小吃的重要代表，目前，火宫殿的小吃已经发展为包点、炸品、炖品、凉菜、药膳、卤味六大系列 300 余个品种。火宫殿的八大小吃主要有：臭豆腐、红烧猪脚、牛肉馓子、三角豆腐、八宝果饭、龙脂猪血、荷兰粉、姊妹团子；炖菜煲汤系列主要有清炖水鱼、什锦果脯、板栗炖鸡、海带炖排骨、木瓜雪蛤、清炖牛肉等 50 多个品种；包点系列主要有海壳黄、炸土豆饼、玉米球、绿茶饼、脑髓卷、糖油粑粑、葱油粑粑、菠萝飞饼、奶油馒头、春卷、宫廷糕、糖饺子、锅饺、鲜肉蒸饺、银丝卷、糯米烧麦等 30 多个品种；药膳系列主要有西洋参鹌鹑、参归老鸭、红枣肚片汤、红薯银耳盅等；卤味系列有酱鸭脖、酱牛肉、去骨凤爪、口味鸭筋、鸭翅和鸭掌等。

火宫殿的小吃能有如此名气，离不开名人的推动，在火宫殿归纳整理的十大"名流宴席"中，臭豆腐、胡桂英龙脂猪血、罗三爷鸡丝米粉、周贵爹牛肉馓子、邓春香红烧猪脚、徐三爹白粒丸、吴记兰花干子、周福生荷兰粉、姜氏姊妹团子等名小吃先后招待过多位名人。火宫殿的小吃正走向辉煌的未来，现已成为外地人来湖南必吃的美食和必到的地方，也是湖南旅游业的一张闪亮名片。

除火宫殿为代表的长株潭地区的风味小吃外，湖南其他地方的风味小吃也各具特色。以湖南北部的岳阳、益阳、常德为代表的洞庭湖地区风味小吃，依托洞庭湖的丰富水产资源，产生了君山虾饼、南江黄鳝面为代表的水产类小吃和益阳擂茶、平江香干、常德酱板鸭、津市牛肉粉为代表的特色风味小吃。

以湖南西部山区的张家界，怀化，湘西土家族、苗族自治州为代表的湘西地区风味小吃，因为少数民族特色，形成了以米制品为主，各类糍粑、米粑、青团、米团品类繁多的带有明显民族特色的风味小吃，其中张家界的"九大名粑"将该地区风味小吃推到了极致，体现了当地人民独特的智慧。

以湖南东南部的郴州、永州、衡阳为代表的湘南地区风味小吃，坐拥省内最适宜的气候条件和丰富的物产，造就了郴州米饺、栖凤渡鱼粉、常宁凉粉、祁阳米粉、永州油炸粑粑等极具地方魅力的风味小吃。

以娄底新化、邵阳隆回为中心的大梅山地区风味小吃，创造出水车鱼冻、落口溶乔饼、新化三合汤等极具梅山文化特色的风味小吃，体现了当地人民对先民智慧的独特传承。

任务三 湘式风味小吃的分类

湘式风味小吃历史深远、文化独特，形成了以地缘、人文、风俗等为分界的长株潭地区风味小吃、洞庭湖地区风味小吃、湘南地区风味小吃、湘西地区风味小吃和大梅山地区风味小吃五大群体。

　　湖南的悠久历史与独特的马蹄形造就了湖湘特有的风味小吃，贯穿南北的湘江形成了湘南和长株潭两大地区风味小吃；辽阔的八百里洞庭形成了洞庭湖地区风味小吃；少数民族聚集形成了湘西地区风味小吃；神秘古朴的原始文明形成了大梅山地区风味小吃，如长沙地区的代表名小吃"长沙臭豆腐"、株洲地区的"炎陵艾叶米果"、湘潭地区的"冰糖湘莲"、岳阳地区的"君山虾饼"、益阳地区的"擂茶"、常德地区的"蒿子粑粑"、衡阳地区的"石鼓酥薄月饼"、郴州地区的"郴州米饺"、永州地区的"蓝山粑粑油茶"、张家界地区的"血豆腐"、怀化地区的"沅陵酥糖"、湘西地区的"芙蓉镇米豆腐"、邵阳地区的"武冈卤豆腐"、娄底地区的"新化三合汤"等。要想传承好这些风味小吃，就要学习和制作好各个地区的代表小吃。

项目二 长株潭地区风味小吃

任务一 长株潭地区简介

长株潭地区包括长沙、株洲、湘潭三市，是湖南省重点打造的长江中游城市群，位于湖南省中东部，呈品字形分布，为南方交通枢纽要道，是湖南省经济、政治、科教、文化、商业、金融的核心区域，素有"金三角"之称。

长株潭地区南邻衡山、北临洞庭湖，又有湘江流经全境，在这里有美丽的星城长沙、食祖炎帝故里株洲、伟人毛泽东的故乡湘潭；长株潭地区还是南方饮食文化的考古溯源地。长沙凭借着丰厚的文化底蕴和年轻活力的城市魅力一跃成为全国网红城市，独特的地理地貌、发达的工业和交通、丰富的水资源、品种多样的农作物和水产品及繁荣的商业造就了以长沙火宫殿、都正街、太平街、冬瓜山、岳麓山为代表的美食街，以臭豆腐、糖油粑粑、口味虾、当归蛋为代表的风味小吃尤具特点。

任务二　长株潭地区特色小吃

实训一　臭豆腐

【导入】

提起长沙，就会想到长沙的臭豆腐，长沙臭豆腐有着非常悠久的历史，相传起源于清朝康熙年间。臭豆腐的制作工艺十分复杂，首先选用优质的黄豆为主要原料，再经过传统的制作工艺制作成豆腐，然后切块发酵，最后还要经过油炸、加卤等制作工艺，食用的时候放入辣椒等调料，吃起来外脆里嫩，香辣可口。

【工具】

锅，漏勺，盆，刀，盘子。

【原料】

茶油1000克，油辣子10克，酱油5克，蒜5克，臭豆腐200克。

【制作过程】

（1）豆腐切小块备用；油辣子、酱油、蒜放入碗中调制均匀备用。

（2）茶油倒入锅中加热至160℃左右，放入豆腐，小火炸约5分钟，至表面焦脆后捞出。

（3）在炸好的豆腐中间钻一个洞，把调好的佐料放入其中，装盘。

【制作关键】

（1）油炸豆腐时油温要合适。

（2）豆腐中间开孔大小要合适，以免影响外观。

【成品标准】

色泽金黄，外脆内嫩。

臭豆腐评分表			
项次	项目及技术要求	配分	得分
1	器具清洁干净、个人卫生达标	10	
2	豆腐块大小一致	20	
3	臭豆腐外脆里嫩，口味咸香	30	
4	色泽金黄，汤汁浓稠	30	
5	卫生打扫干净、工具摆放整齐	10	

【拓展知识】

长沙臭豆腐的卤水配料采用豆豉、纯碱、青矾、香菇、冬笋、盐等共同煮制而成。先将黑豆豉煮沸，冷却后加香菇、冬笋、白酒等佐料，浸泡15天左右；再将青矾放入桶内，倒入沸水用棍子搅开，再放入豆腐浸泡2个小时左右，捞出豆腐冷却。最后将豆腐放入卤水内浸泡若干小时，春、秋季需浸泡3～5个小时，夏季需浸泡2小时左右，冬季需浸泡6～10个小时，泡好后取出，用冷水清洗后沥干水分即成。

实训二　姊妹团子

【导入】

传说火宫殿的姊妹团子系铜匠姜立仁之女所做，姊妹俩租铺棚一间开设团子店，因心灵手巧，专门制作甜咸两味的团子，故名"姊妹团子"。"姊妹团子"以糯米为主要原料，分糖馅和肉馅两种，糖馅选用北流糖、桂花糖、红枣肉相配而成；肉馅则取鲜猪五花肉，配以香菇，并用泡香菇的水调制肉馅，味道醇香可口。在造型上，肉馅团子为石榴形，糖馅团子为蟠桃形。如遇喜庆日子，常在糖馅团子上撒些红丝，与白色的团子红白相映，十分悦目。

【工具】

木桶，竹筲箕，蒸笼，盆，布袋，锅。

【原料】

糯米 600 克，大米 400 克，猪五花肉 350 克，北流糖 100 克，桂花糖 10 克，红枣 150 克，水发香菇 15 克，酱油 20 克，味精、精盐各 5 克，熟猪油 30 克。

【制作过程】

（1）红枣洗净去核，剁成枣泥，盛入盆内，入笼用旺火蒸约 1 个小时，取出。炒锅加热猪油烧热，先倒入北流糖拌炒熔化，再倒入枣泥和桂花糖，拌炒均匀，出锅盛入盆内即成糖馅。

（2）猪五花肉洗净，剁成肉茸，盛入碗内，香菇去蒂，剁碎后与精盐、味精一起倒入肉碗内，先拌两遍，然后加酱油及适量清水拌匀，即成肉馅。

（3）将糯米、大米一起淘洗干净，用清水浸泡4个小时（冬季约泡7个小时），捞出用清水冲洗干净，盛入竹筲箕内沥去水，再加冷水1250克磨成细滑的浆。

（4）将浆料灌入布袋内，挤干水分，取出倒入盆内，取米粉150克搓成扁平饼状，入笼蒸约30分钟至熟，取出与其他生粉掺和揉匀。

（5）和好的粉团搓成条，摘成每个约15克的剂子逐个搓圆，并用手指在中间捏成窝子，分别放入糖馅和肉馅，捏拢收口，糖馅的捏成圆形，肉馅的捏成尖角形或其他形状，以便区别。笼内铺块白布，入笼用沸水旺火蒸约10分钟，取出即成。

【制作关键】

（1）粉团要揉至表面光滑。

（2）炒糖馅时要用小火慢炒，旺火易煳锅底。

（3）肉馅加水要适量，并分次加入，边加入边朝一个方向搅打。

（4）蒸制时间不宜过长，不然容易变形。

【成品标准】

色泽洁白，柔软滑润，糖馅要甜，肉馅鲜嫩。

项次	姊妹团子评分表		
	项目及技术要求	配分	得分
1	器具清洁干净、个人卫生达标	10	
2	姊妹团子大小一致	20	
3	柔软滑润，咸甜适中	30	
4	色泽洁白，外型精美	30	
5	卫生打扫干净、工具摆放整齐	10	

实训三 龙脂猪血

【导入】

龙脂猪血原料虽然简单，但是做好之后却香脆辛辣，热气欢腾，正合长沙人的胃口。猪血的原料取自手工杀猪场冒着热气的新鲜猪血，在家中用温热盐水凝固，下到锅里，红红润润，细嫩嫩软似豆腐。长沙人想象龙肝凤脂也不过如此，于是就给猪血汤取了个好听的名字"龙脂猪血"。

【工具】

盆，刀，砧板，煮锅，碗，漏勺，筷子。

【原料】

猪血300克，芥菜100克，香油2克，盐3克，味精1克，酱油10克，辣椒粉2克，葱8克，肉汤适量。

【制作过程】

（1）猪血洗净，切薄片。

（2）葱、芥菜洗净，切碎。

（3）香油、盐、味精、芥菜、酱油、辣椒粉、葱花加肉汤做成底汤，倒入碗中备用。

（4）将切好的猪血放入沸水锅中，焯熟，捞出放入汤碗内即可。

【制作关键】

（1）本品需肉汤适量。

（2）做"龙脂猪血"所选的猪血以手工宰的猪的鲜血为佳。

（3）猪血焯水时间不宜过长，否则容易碎裂。

【成品标准】

质地脆嫩，香辣可口。

龙脂猪血评分表			
项次	项目及技术要求	配分	得分
1	器具清洁干净、个人卫生达标	10	
2	猪血厚薄一致	20	
3	入口顺滑，香辣可口	30	
4	汤清血红，形态规整	30	
5	卫生打扫干净、工具摆放整齐	10	

实训四　白粒丸

【导入】

　　白粒丸是湖南长沙地区的一种地方小吃，它物如其名，形如滚球，色如白玉。白粒丸选用优质大米做原料，淘洗干净后用清水浸泡，天气热时大约浸泡4小时，天气寒冷时则需要浸泡6～8小时。泡好后取出冲净沥干、加清水磨成细滑的米浆。将熟石灰放入碗内用清水浸泡，待其沉淀滤去渣，大锅内倒入米浆、将清石灰水掺入米浆内搅拌均匀、大火煮沸。将有小孔的模具箱一端朝下，放在装有半盆清水的盆上，将煮熟的浆水舀入箱内，让浆液自然从孔中流出，用竹刮子来回刮动，使得孔中流出的浆液成圆颗粒状，从而制成白粒丸。白粒丸是长沙人的杰作，寓意团团圆圆，同时又是补充钙质的绝佳食物。

【工具】

　　竹刮子，小箱模，盆，刀，煮锅。

【原料】

　　大米1000克，熟石灰50克，油萝卜50克，酱榨菜50克，排冬酱菜50克，芹菜100克，豆豉骨头汤500克，精盐10克，葱花20克，芝麻油10克。

【制作过程】

（1）将大米淘洗干净，用清水浸泡 4 ～ 8 个小时，取出冲净沥干，加清水 500 克磨成细滑的米浆。锅内倒入米浆。熟石灰放入碗内，用清水 200 克浸泡，待其沉淀，沥出清石灰水掺入米浆内拌匀，煮沸。

（2）备一小箱模，将有小孔的一端朝下，放在盆上，盆内放入半盆清水，将煮熟的浆水舀入箱内，让浆液自然从孔中流出，用竹刮子来回刮动，使孔中流出的浆呈圆颗粒状，刮入盆内清水中，制成白粒丸。

（3）豆豉骨头汤放入精盐熬好。把油萝卜、酱榨菜头、排冬酱菜洗净，切成小丁，芹菜择去叶，除去根须，洗净入沸水中焯熟，切成 1.5 厘米的长段，皆放入碗中备用。

（4）锅内加清水 2500 克煮沸，放入白粒丸，待白粒丸熟透后，用漏勺捞入碗内，撒上葱花，淋入芝麻油即成。

【制作关键】

（1）煮米浆时注意火候，否则易煳底。

（2）刮动米浆时，注意手法和方向。

（3）白粒丸煮制时间不宜过长，否则易散。

【成品标准】

色泽洁白，香软可口。

项次	项目及技术要求	配分	得分
	白粒丸评分表		
1	器具清洁干净、个人卫生达标	10	
2	白粒丸大小一致	20	
3	口感香软，咸甜适中	30	
4	色泽洁白，外型精美	30	
5	卫生打扫干净、工具摆放整齐	10	

实训五　嗦螺

【导入】

　　湖南口味的螺蛳（当地叫嗦螺、田螺），咸辣鲜香。烹制前需花费数日让螺蛳吐泥沙，人工用钳子剪去螺蛳尾，反复清洗，烹饪中还要大量使用姜蒜、辣椒、紫苏、榨菜去除螺蛳的腥臭味，再佐以花椒、大料等多种香料。虽只是常见的街边小吃，但湖南人还是秉承着"食不厌精"的精神，把小小的螺蛳做成了令人吃过便难以忘怀的人间美味。

【工具】

　　钳子，盆，刀，锅。

【原料】

　　田螺500克，大葱15克，生姜15克，大蒜10克，八角5克，桂皮5克，香叶5克，花椒5克，料酒50克，五香粉2克，食用油30克，生抽10克，蚝油15克，剁椒20克，紫苏5克，白糖5克。

【制作过程】

　　（1）新鲜田螺洗刷干净，清水浸泡2~3天，水中滴入几滴香油，搅匀，可提高田螺吐泥沙的速度。

　　（2）待田螺吐尽泥沙，以清水洗净，用口钳将田螺尾部剪除，将尾部的肠道清除洗净。

（3）锅中倒入少许食用油，小火爆香大葱、姜蒜末和八角、香叶、花椒、桂皮，加入剁椒炒出红油。

（4）将清洗干净的田螺加入锅中，加入水并使水没过田螺，加入料酒大火烧开，盖上锅盖，改中小火焖煮45分钟。然后加入生抽、蚝油调味，加入五香粉增香，少量白糖提鲜。大火翻炒3~5分钟，使其均匀入味。出锅前加入紫苏，去腥增香。

【制作关键】

（1）田螺一定要用清水浸泡，吐尽泥沙。

（2）田螺一定要煮制熟透，否则易有寄生虫。

【成品标准】

香味浓郁，吃口劲道。

田螺评分表			
项次	项目及技术要求	配分	得分
1	器具清洁干净、个人卫生达标	10	
2	田螺处理到位，没有泥沙	20	
3	口感劲道，咸甜适中	30	
4	色泽灰褐，形态规整	30	
5	卫生打扫干净、工具摆放整齐	10	

实训六　长沙口味虾

【导入】

　　长沙口味虾是长沙的特色美食之一，很多名人到长沙时，都会尝一尝长沙的口味虾。口味虾选用优质的小龙虾为主要原料，再配以干红辣椒、植物油、花椒等调料，制作出来的口味虾，色泽红亮，口感鲜美。口味虾中还含有蛋白质、锌等丰富营养元素，具有提高免疫力的功效。

【工具】

　　刷子，盆，刀，锅。

【原料】

　　新鲜小龙虾500克，植物油100克，香葱5克，生姜15克，大蒜10克，花椒5克，干辣椒5克，香油5克，料酒20克，酱油10克，香醋10克，盐5克，味精5克。

【制作过程】

　　（1）将小龙虾放在清水里养1～2天，让虾把身体里的泥沙吐尽。用毛刷将小龙虾洗刷干净，尤其是头部与身体连接处，在虾尾部背上划开一道口子扯掉黑线。

　　（2）在锅中放油，油烧热后将虾放入过油，待虾的表面呈红色时迅速捞起备用。

　　（3）在锅中放植物油适量，将蒜和姜放入油锅里用中火炒出香味后，加入花椒、干辣椒炒出香味。

（4）将虾放入锅中稍加煸炒，加适量水用大火烹煮，水沸腾3分钟后将准备好的精盐、酱油、醋等调味品倒入，焖5分钟，转中火，放适量料酒，加水至主料的一半，盖上锅盖，中火焖10分钟，待水熬成浓汁时，起锅后加入葱花即可。

【制作关键】

（1）小龙虾处理一定要到位，以防有泥沙。

（2）焖煮的时间需控制到位，以防杀菌不彻底。

【成品标准】

色泽红亮，质地滑嫩，滋味香辣。

口味虾评分表			
项次	项目及技术要求	配分	得分
1	器具清洁干净、个人卫生达标	10	
2	处理合适，没有泥沙	20	
3	口感嫩滑，鲜香可口	30	
4	色泽鲜红，外型规整	30	
5	卫生打扫干净、工具摆放整齐	10	

实训七　乾煎鸡油八宝饭

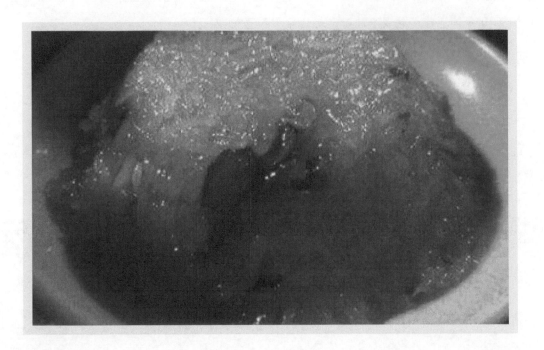

【导入】

乾煎鸡油八宝饭，旧时为长沙徐长兴烤鸭店独家生产。八宝果饭原是湖南一道大众甜品，既可上筵席，又可当小吃。火宫殿有"八宝糯米果饭"供应，很受欢迎。徐长兴烤鸭店迎合长沙人这一爱好，改制了乾煎鸡油八宝饭，外焦脆、内柔软、红润透亮、糍糯香甜，一经推出便名噪一时。

【工具】

蒸笼，盆，刀，煮锅。

【原料】

糯米300克，红枣250克，白莲50克、核桃仁50克、花生米50克，白果50克，葡萄干25克，桂圆肉25克，荞饼50克，红瓜15克，青梅10克，玫瑰糖15克，红樱桃25克，冰糖100克，白糖250克，鸡油100克，植物油150克。

【制作过程】

（1）红枣洗净，上笼蒸约15分钟取出，撕皮、去核。莲子、核桃仁、花生米用开水泡发，去皮后上笼蒸发，荞饼切小粒，冰糖砍成小粒，桂圆肉、葡萄干用温水泡发洗净，红瓜、青梅切粒备用。

（2）将糯米淘洗干净，用清水泡4～8个小时，冲净、沥干、用旺火蒸40分钟左右。

（3）将各种配料，加入糯米饭内拌匀，调以玫瑰糖、鸡油、上笼蒸约1个小时，锅置火上，倒入植物油烧热，将蒸熟的八宝糯米饭倒入锅内煎炸至两面皆成黄色饼状时，出锅放入盘中，撒樱桃、白糖即成。

【制作关键】

（1）糯米蒸的过程中不要开盖，以防夹生。

（2）煎八宝饭翻面时注意手上力度，以防松散。

【成品标准】

香甜软糯，色泽金黄。

乾煎鸡油八宝饭评分表			
项次	项目及技术要求	配分	得分
1	器具清洁干净、个人卫生达标	10	
2	油量适中、没有夹生	20	
3	口感软糯，咸甜可口	30	
4	米粒金黄，外型规整	30	
5	卫生打扫干净、工具摆放整齐	10	

实训八　结麻花

【导入】

长沙结麻花是长沙当地非常有名的小吃之一。麻花是中国的一种特色食品，用两三股条状的面拧在一起，以油炸成。天津以生产大麻花出名，山西稷山的麻花以油酥出名，陕西咸阳以咬金大麻花出名，苏杭以麻花制作的原始工艺出名，湖北崇阳以小麻花出名，而长沙以纯手工传统工艺结麻花出名，每根都多次扭转抻拉折叠而成，色香味俱全，做主食和零食都可。长沙结麻花是麻花里的另类，嚼不碎不成花，在长沙油炸食品中独树一帜。长沙结麻花是旧时长沙一道价廉物美的食点，以焦黄香结、耐久嚼、回味悠长而受到欢迎。

【工具】

盆，案板，擀面杖，排刷，走槌，锅，漏勺。

【原料】

面粉650克，绵白糖250克，芝麻30克，小茴香（焙焦碾碎）2.5克，菜籽油1000克（约耗150克）。

【制作过程】

（1）将绵白糖、小茴香放入盆内，倒入清水 300 克，加入面粉拌匀、揉透，取出置案面上略饧，搓成条，用擀面杖擀成约 7 厘米宽、6 毫米厚的条块。用排刷蘸上凉水把条块面刷湿，均匀地撒上芝麻，用走槌稍压，切成 1 厘米宽的小条。

（2）将小条对折，左右手反方向扭，再次对折，左右手仍然反方向扭，两端收口捏紧，即成麻花生坯。

（3）锅内加菜籽油，烧至七成热时，将锅离火，把生坯顺锅边放入锅内，再上火炸至色泽呈深黄色时，用漏勺捞出，沥去油即成。

【制作关键】

（1）面坯擀制时用力要均匀，以防出现厚薄不均。

（2）左右手扭折时注意力度，以防断裂。

（3）油炸时注意油温，以防炸焦。

【成品标准】

焦黄香脆，回味悠长。

结麻花评分表			
项次	项目及技术要求	配分	得分
1	器具清洁干净、个人卫生达标	10	
2	麻花大小一致	20	
3	口感香脆，香甜可口	30	
4	色泽金黄，外观精致	30	
5	卫生打扫干净、工具摆放整齐	10	

实训九　糖油粑粑

【导入】

糖油粑粑的主要原料是糯米粉和糖，但其制作工艺精细讲究，有特殊的制作过程。它虽不能登大雅之堂，更不能与山珍海味、鱼翅熊掌相媲美，但正是因其廉价的身份，它能出入平常百姓家，受到民众的厚爱，成为民间长吃不厌的小吃。在株洲，凡是热爱生活、懂得享受吃的乐趣之人，都有吃糖油粑粑的美妙感受，都对糖油粑粑有特殊感情。俗话说，早上三个糖油粑粑下肚，可饱一天精神，体力充沛；下午三个糖油粑粑打牙祭，提神饱肚，精神旺盛。

【工具】

盆，刀具，锅，筷子或汤匙。

【原料】

糯米粉 500 克，清水 200 克，红糖 1000 克，菜籽油 200 克。

【制作过程】

（1）预备好糯米粉，适量的饮用水。将水一边加入糯米粉中一边揉，揉成团即可。

（2）将粉团搓成条状，再切成一粒一粒的剂子，再将剂子搓圆压扁成饼状放于干净湿

布上。

（3）锅中放入适量油，加热至100℃左右。

（4）排好糯米团转用小火煎。抖动锅子，用汤匙或筷子翻面，不要煎过久，以免膨胀爆裂。煎至粑粑不互相粘住即可。

（5）将2汤匙红糖和4汤匙水加热溶解（不要煮沸，以免变苦）。

（6）把糖水倒入锅中，将粑粑翻面，让每个粑粑都沾上糖汁。

（7）煮至糖水略收干即可。

【制作关键】

（1）粉团和制的软硬度要合适。

（2）油煎时温度要适中。

（3）煮制时糖水的浓稠度适中，颜色要亮。

【成品标准】

色泽黄亮，嫩滑香甜。

糖油粑粑评分表			
项次	项目及技术要求	配分	得分
1	器具清洁干净、个人卫生达标	10	
2	糖油粑粑大小一致	20	
3	嫩滑香甜，软而不黏	30	
4	色泽金黄，糖汁油亮	30	
5	卫生打扫干净、工具摆放整齐	10	

实训十　炎陵艾叶米果

【导入】

　　艾叶米果（简称艾米果），是炎陵的一道特色小吃，取材来自于艾叶草。艾叶草是生长于田间的一种草本植物。在炎陵，从元宵至清明，家家户户都会制作艾米果吃。一般当天在田间摘到新鲜的艾叶草，当天晚上就做，不宜放置，只有用新鲜的艾叶草做的艾米果才是原滋原味的。据说，该小吃已有上千年历史。

【工具】

　　盆，锅，蒸笼，榨汁机。

【原料】

　　面粉1000克，糯米粉1000克，新鲜艾叶汁1000克，胡萝卜100克，春笋100克，腊肉1000克，食用碱5克，蒜10克。

【制作过程】

　　（1）新鲜艾叶清洗干净，锅里放水烧开，将晾干水分的艾叶放入锅中，加入食用碱，将艾叶煮至烂熟，将煮熟的艾叶捞到榨汁机中榨出汁水。

　　（2）将春笋、胡萝卜、腊肉切粒。锅内倒入油，将腊肉粒翻炒至出油，依次倒入春笋和胡萝卜炒熟制成馅心。

　　（3）将面粉、糯米粉和2克食用碱倒入盆中搅匀，将艾叶汁倒入盆中使面团光滑呈绿色。

（4）将面捏出 30 克一个的坯剂，做成圆锥状，包上馅心，将成品放在蒸笼中用大火蒸制 20 分钟即成。

【制作关键】

（1）糯米粉的制作要精细，米粉细白。

（2）面粉和艾叶汁比例要适当，面团软硬度要适中。

（3）成品大小要一致。

（4）蒸的时间要恰当。

【成品标准】

表皮光滑，色泽翠绿，清香扑鼻，甘中带苦，质柔有韧性，食而不腻。

炎陵艾叶米果评分表			
项次	项目及技术要求	配分	得分
1	器具清洁干净、个人卫生达标	10	
2	米果大小一致	20	
3	嫩滑香甜，软而不黏	30	
4	色泽鲜艳，碧绿油亮	30	
5	卫生打扫干净、工具摆放整齐	10	

实训十一　茶陵豆腐乳

【导入】

茶陵豆腐乳是茶陵的一道特色小吃，据说早在唐朝，茶陵豆腐乳就已兴起，到南宋竟盛行起来了。据说南宋绍兴二年（1132年），为了平定叛军曹成一部，岳飞率军在茶陵境内待了三年。这位南宋最杰出的统帅岳飞及其岳家军，在尝到当地百姓腌制的豆腐乳后，赞不绝口。平定叛乱后，岳飞带回一坛进贡皇上，宋高宗赞曰"此物只应天上有"，并要求茶陵人每年向朝廷专项进贡。

【工具】

密封的容器，刀。

【原料】

嫩豆腐500克，白酒100克，辣椒粉100克，食盐10克，花椒粉20克。

【制作过程】

（1）在密封的容器里面放好报纸，铺好保鲜膜或者干净的塑料袋，把豆腐切块放在上面。

（2）放好豆腐后在它的上面再放一层保鲜膜或者干净的塑料袋，再放上报纸。

（3）把盖子盖好，放置四五天让豆腐发酵。

（4）将盐、辣椒粉、花椒粉混合，做好调料，将发酵好的豆腐块在调料粉里滚一下。

（5）把沾好调料的豆腐块码放在容器中，加入凉白开和白酒，瓶口密封。一般放上7天就可以了。

【制作关键】

（1）豆腐要选用嫩豆腐。

（2）豆腐发酵的天气和场地要合适，保证发酵的程度恰当。

（3）沾的调料比例要恰当。

【成品标准】

色泽红亮，香辣可口。

茶陵豆腐乳评分表			
项次	项目及技术要求	配分	得分
1	器具清洁干净、个人卫生达标	10	
2	腐乳大小一致	20	
3	咸香适口，软而不散	30	
4	色泽红亮，外型方正	30	
5	卫生打扫干净、工具摆放整齐	10	

实训十二　冰糖湘莲

【导入】

冰糖湘莲是湖南省的一道特色传统名菜，属于湘菜系；该菜品采用白莲子为原料，据说西汉年间白莲就作为贡品向汉高祖刘邦进贡了，故湘莲又称贡莲。湘莲主要产于洞庭湖地区，以花石、中路铺两地所产最多，质量也最好，白莲圆滚洁白，粉糯清香，位于全国之首。在挖掘湖南长沙马王堆墓时，发现墓主就食用过莲子。金代诗人张楫品尝"心清犹带小荷香"的新白莲后，曾发出"口腹累人良可笑，此身便欲老江乡"的感叹。

【工具】

盆，碗，蒸箱，锅。

【原料】

莲子200克，冰糖300克，青豆25克，桂圆25克，枸杞5克，银耳10克，水650克。

【制作过程】

（1）先把莲子洗净，用水浸泡10分钟。

（2）银耳洗净，泡发备用。

（3）青豆洗净，放到热水中煮8分钟。

（4）把莲子、银耳放到锅中，加水煮软，再盛到碗中，上蒸箱蒸至软烂。

（5）将桂圆肉、枸杞用温水洗净，泡5分钟过滤水分。

（6）炒锅置中火，放入清水500克，再放入冰糖烧沸，待冰糖完全溶化，端锅离火，放入桂圆肉和枸杞，以及煮过的青豆，大火烧开即可备用。

（7）将蒸熟的莲子滤水备用，盛入大汤碗内，再将煮开的冰糖及配料一起倒入汤碗，莲子浮起即成。

【制作关键】

（1）莲子刷至表皮白净，取出，用小竹签戳入，顶去莲心，再浸泡蒸制。

（2）冰糖与水的比例约为1：0.6，过少则莲子浮不上来。

【成品标准】

莲白透红，莲子粉糯，清香宜人。

冰糖湘莲评分表			
项次	项目及技术要求	配分	得分
1	器具清洁干净、个人卫生达标	10	
2	火候适中	20	
3	莲子粉糯，软而不黏	30	
4	莲白透红，汤汁清澈	30	
5	卫生打扫干净、工具摆放整齐	10	

实训十三　水饺豆沙煎饼

【导入】

　　水饺豆沙煎饼是湖南湘潭地区的一道特色小吃。其外形美观，风味独特，香脆爽口，口感酸甜，营养丰富。其特点是制法简单，口感软糯甜美。

【工具】

　　盆，擀面杖，煎锅。

【原料】

　　面粉250克，豆沙200克，柠檬皮末1大匙，水适量。

【制作过程】

　　（1）将豆沙及柠檬皮末搅拌均匀，分成10等份，每份揉成小圆球备用。

　　（2）和制冷水面团，擀饺子皮。

　　（3）取1张水饺皮，将一份豆沙放在中间，水饺皮周围涂上少许水，上面再盖上一张水饺皮。将豆沙馅稍微压平，水饺皮四周捏紧，折出花边，依序做好10份。

　　（4）平底锅预热，加入少许色拉油，再将水饺豆沙饼放入，小火煎至两面呈金黄色即可。

【制作关键】

　　（1）面团软硬度适中。

　　（2）馅料和面皮比例恰当。

　　（3）成品大小要一致。

　　（4）煎制成品颜色金黄。

【成品标准】

　　风味独特，香脆爽口，有些酸甜。

水饺豆沙煎饼评分表			
项次	项目及技术要求	配分	得分
1	器具清洁干净、个人卫生达标	10	
2	成品大小一致	20	
3	香脆爽口，口味独特	30	
4	色泽金黄	30	
5	卫生打扫干净、工具摆放整齐	10	

实训十四 椒盐馓子

【导入】

椒盐馓子是湘潭地区一道古老的传统小吃，古称寒具。它外形丝条粗细均匀，质地焦脆酥化，口味有甜有咸，老少皆宜，造型新颖别致，既是点心，又可菜食。

【工具】

锅，刮板，筷子，盘子。

【原料】

面粉500克，食用油5千克，食盐6克，芝麻15克，鸡蛋3个，水150克，孜然10克，白胡椒粉5克，十三香5克。

【制作过程】

（1）取3个鸡蛋，去壳称量，加入水，共290克（根据面粉吸水性预留一点水分调整），加入6克食盐，加入十三香、白胡椒粉和孜然粉，搅拌倒入称量好的面粉中，然后揉成光滑的面团，饧发一会（具体时间取决于气温，室温20℃时大概饧发1个小时），分割成100克一个的面团，滚圆再饧发一会。

（2）面团中间戳一个洞，像甜甜圈一样把洞扩大，再搓成一条封闭的面条。用烤盘抹油，放入面条，再倒入菜油，油面刚刚盖过面条，浸泡一晚，夏天进冰箱冷藏。

（3）把面条捞起来缠绕在张开的手指上，边绕边拉，盘好撒上芝麻备用，油锅加热至120℃左右，用筷子把面团撑开，先两头，再中间，炸中间部位时，用筷子稍微伸缩抖动，再两头重叠，或者扭一下，定型后取出筷子炸至颜色金黄捞出。

【制作关键】

（1）面团和制软硬度适中。

（2）缠绕时要美观、均匀。

（3）成品大小要一致。

（4）炸制成品颜色金黄、粗细均匀。

【成品标准】

丝条粗细均匀，质地焦脆酥化，口味有甜有咸。

椒盐馓子评分表			
项次	项目及技术要求	配分	得分
1	器具清洁干净、个人卫生达标	10	
2	成品大小一致	20	
3	香脆爽口，口味独特	30	
4	色泽金黄	30	
5	卫生打扫干净、工具摆放整齐	10	

实训十五　紫苏酸枣膏

【导入】

紫苏酸枣膏，又叫酸枣坨坨、酸枣粑粑，是湖南浏阳地区的特色小吃，一块一块的，吃起来软软的，有嚼头，酸中带甜，开胃健脾。紫苏酸枣膏属湖南浏阳地区当地特产，不过它在长沙一带也很流行，20世纪80年代的湖南人一定都吃过，给众多湖南子弟在儿时带来了不少欢乐，现在想起那个味道来就忍不住流口水。它颗粒硕大、肉厚，香香的紫苏味，酸酸甜甜，口感非常好。

【工具】

盆，压力锅，筷子，勺子，料理机。

【原料】

酸枣2000克左右，红薯1个（大概500克），紫苏100克，白砂糖500克左右。

【制作过程】

（1）湖南本地酸枣洗干净，沥干水分，备用。

（2）取本地红薯去皮，备用。

（3）把沥干水分的酸枣与红薯上高压锅，压熟。

（4）压熟后的酸枣果皮和果肉分离，把酸枣一个一个去皮，放碗里备用。

（5）将紫苏焯水沥干水分打碎，和红薯一起放在一个碗里捣碎。

（6）酸枣去皮后，把果肉捣碎，筷子搅拌使酸枣肉与核分离，酸枣核挑出，加入白糖并与酸枣肉一起搅拌。

（7）加入红薯泥一起拌匀。

（8）将搅拌好的酸枣馅用小勺子舀成一小个。每个里面保留一个核。

（9）放至太阳底下曝晒两天，翻面，再曝晒两天即可。

【制作关键】

（1）选择熟透的本地酸枣。

（2）高压锅压制时间恰当，不能过烂也不能不熟。

（3）放在阳光下曝晒的时间适当。

【成品标准】

软糯弹滑、酸甜可口，有嚼头，酸中带甜，开胃健脾。

紫苏酸枣糕评分表			
项次	项目及技术要求	配分	得分
1	器具清洁干净、个人卫生达标	10	
2	大小一致	20	
3	软糯弹滑，酸甜可口	30	
4	色泽黑红	30	
5	卫生打扫干净、工具摆放整齐	10	

实训十六　炒米糕

【导入】

炒米糕是湖南尤其湘潭地区盛行的一道特色小吃，农家人过年都喜欢吃炒米糕，它味道甜而不腻，是非常亲民的一种小吃。由于它的制作材料是五谷杂粮，寓意五谷丰登，春节招待客人时必不可少，非常有年味。吃炒米糕，也是有历史由来的。据说，米糕出现是为了年夜祭神、岁朝供奉祖先所用，再后来发展成为春节小吃。

【工具】

锅，刀具，米糕架子等制作工具。

【原料】

爆米 500 克，花生碎 50 克，熟黑芝麻 10 克，熟白芝麻 10 克，白砂糖 600 克，饴糖 400 克，植物油 100 克。

【制作过程】

（1）将锅烧热，加 100 克植物油烧开，加入大半碗水，水开后放入白砂糖，小火熬煮至白砂糖完全融化后，再加入饴糖一起熬煮。继续小火熬至金黄色，取出一滴糖液滴入装有冷水的碗中，当糖液立刻凝固不再散开时即为熬制好。

（2）再将爆米放入锅中翻炒，将爆米全部沾上糖液，再加入花生碎和黑、白芝麻一起翻拌均匀。

（3）放入模具中压紧定型。

（4）待稍微冷却后切成宽约3厘米、长约10厘米的条即可。

【制作关键】

（1）熬汤火候适中，时间恰当。

（2）米糕压制定型美观。

（3）切块大小适中，形态美观。

【成品标准】

大小一致，香脆可口。

炒米糕评分表			
项次	项目及技术要求	配分	得分
1	器具清洁干净、个人卫生达标	10	
2	大小一致，形态美观	20	
3	香脆可口	30	
4	米粒洁白，糖色黄亮	30	
5	卫生打扫干净、工具摆放整齐	10	

实训十七　荷兰粉

【导入】

荷兰粉是湖南长沙知名的传统小吃之一，尤以火宫殿的最为著名。相传在清乾隆年间，火宫殿的刘氏用蚕豆磨成粉，制作成通体剔透、白如玉的粉坨，再切成薄片加入上等汤料煮沸，因其色香味美大受欢迎并流传至今。

【工具】

锅，刀，瓦钵。

【原料】

蚕豆粉500克，花生10克，高汤500克，酱油2克，香醋5克，腐乳（红）5克，芝麻酱5克，油辣子5克，葱5克，味精2克，精盐2克。

【制作过程】

（1）蚕豆粉用水调成稀糊，下入沸水中搅匀成羹状，倒在瓦钵里，冷却凝固后，切成骨排状粉片。

（2）锅内放入高汤，下粉片用旺火烧开，加油辣子、味精、精盐、酱油调味盛入浅盆内，放入芝麻酱、腐乳、葱花、香醋即可。

【制作关键】

（1）蚕豆粉加入水量要适当。

（2）粉片煮制时间不宜过长，否则容易散碎。

【成品标准】

爽滑可口，咸香适口。

荷兰粉评分表			
项次	项目及技术要求	配分	得分
1	器具清洁干净、个人卫生达标	10	
2	大小一致，形态完整	20	
3	爽滑可口，咸香适口	30	
4	色泽洁白，汤鲜味美	30	
5	卫生打扫干净、工具摆放整齐	10	

实训十八　葱油粑粑

【导入】

　　相传许多年前，靖港一位摊贩经熟人介绍到长沙南门口，架起行头炸葱油粑粑，飘散的香气吊人口味，立刻把长沙城里人吸引来尝鲜，由此一传十、十传百，靖港葱油粑粑摊前的食客更是从早到晚络绎不绝，靖港葱油粑粑由此在长沙城里扎下了根，仿制者满城皆是。后来，小吃名店火宫殿把那位靖港师傅请去传经送宝，从那以后，火宫殿除臭豆腐之外又多了一道招牌小吃。

【工具】

　　锅，刀具，米糕架子等。

【原料】

　　粳米500克，隔夜剩米饭150克，盐5克，葱100克，植物油1000克。

【制作过程】

　　（1）将粳米和剩米饭用料理机搅打成粉。

　　（2）葱切葱花备用。

　　（3）米粉、盐、葱花加水调成稀稠合适的状态（用勺子挑起少量面糊滴落时出现明显

纹路, 一段时间后消失)。

（4）锅中放入油, 加热至120℃, 把面糊填入模内, 刮平, 伸入油中, 待金黄色的粑粑与模子分离浮出油面, 捞出沥油即可。

【制作关键】

（1）剩米饭最好选用糯性差的, 使用时用手先捏散。

（2）面糊稀稠度要把握好, 不然葱油粑粑的形态不美观。

（3）油炸温度要合适, 否则会出现含油现象。

【成品标准】

外脆里嫩, 咸香可口。

	葱油粑粑评分表		
项次	项目及技术要求	配分	得分
1	器具清洁干净、个人卫生达标	10	
2	大小一致, 形态美观	20	
3	香脆柔软, 咸香适口	30	
4	色泽金黄, 内部洁白	30	
5	卫生打扫干净、工具摆放整齐	10	

练习题

一、单选题

1.长沙臭豆腐的主要制作原料是（   ）。

A.黄豆   B.黑豆   C.红豆

2.臭豆腐的油炸温度为（   ）。

A.120℃   B.150℃   C.160℃

3.姊妹团子的米浆磨制时加（   ）。

A.冷水   B.温水   C.热水

4.姊妹团子的馅料有（   ）。

A. 糖馅　　　　　　B. 肉馅　　　　　　　C. 两种馅料都有

5. 姊妹团子糖馅炒制时火候（　　　）。

A. 小火慢炒　　　B. 大火急炒　　　　C. 对火候要求不高

6. 糖油粑粑在煎制时要求（　　　）。

A. 一面金黄　　　B. 两面金黄　　　　C. 一面棕红

7. 制作"龙脂猪血"选用的底汤是（　　　）。

A. 肉汤　　　　　B. 高汤　　　　　　C. 猪血汤

8. 煮制"白粒丸"时，要使它香软可口，需要注意（　　　）。

A. 煮制时火候大小

B. 煮制时间的长短

C. 煮制时器具的使用

9. 糖油粑粑的主要制作原料有（　　　）。

A. 面粉和糖　　　B. 糯米粉和糖　　　C. 玉米粉和糖

10. 糖油粑粑的糖用的是（　　　）。

A. 红糖　　　　　B. 白糖　　　　　　C. 黑糖

11. 糖油粑粑煎制时的油温为（　　　）。

A. 30 ℃　　　　　B. 100 ℃　　　　　C. 200 ℃

12. 炎陵艾叶米果的绿色来源于（　　　）。

A. 色素　　　　　B. 菠菜汁　　　　　C. 艾叶

13. 茶陵豆腐乳采用的豆腐是（　　　）。

A. 老豆腐　　　　B. 嫩豆腐　　　　　C. 千叶豆腐

14. 冰糖湘莲的主要制作原料是（　　　）。

A. 莲子　　　　　B. 红枣　　　　　　C. 青豆

15. 水饺豆沙煎饼的特色制作原料是（　　　）。

A. 芥末　　　　　B. 柠檬皮末　　　　C. 橘子皮

16. 水饺豆沙煎饼煎制时火候应（　　　）。

A. 旺火　　　　　B. 小火　　　　　　C. 中火

17. 水饺豆沙煎饼成品颜色是（   ）。

　　A. 颜色金黄　　　　　　　B. 颜色洁白　　　　　　C. 颜色发黑

18. 椒盐馓子口感是（   ）。

　　A. 清香软糯　　　　　　　B. 焦脆酥化　　　　　　C. 酸甜可口

19. 椒盐馓子炸制时油温为（   ）最合适。

　　A. 三成左右　　　　　　　B. 七成左右　　　　　　C. 九成左右

20. 紫苏酸枣糕的口感是（   ）。

　　A. 清香软糯　　　　　　　B. 酥香鲜甜　　　　　　C. 糯弹滑、酸甜可口

21. 炒米糕一般在（   ）吃。

　　A. 春节　　　　　　　　　B. 清明节　　　　　　　C. 中秋节

二、判断题

1. 糖油粑粑可以不用煎制，直接放入糖汁熬煮。（   ）

2. 制作龙脂猪血的猪血一般要选用手工宰猪的血为最佳。（   ）

3. 白粒丸的成型全部靠机器使用竹刮子来回刮动，形成圆粒。（   ）

4. 为使田螺在清水浸泡时更快吐尽泥沙，可在水里滴入少量香油。（   ）

5. 龙虾在过油的时候，要浸泡时间久一点，这样可以起到杀菌作用。（   ）

6. 冰糖湘莲在制作过程中可以不去掉中间的芯。（   ）

7. 水饺豆沙煎饼在制作过程中用的是膨松面团。（   ）

8. 椒盐馓子在制作过程中为使它更加酥脆，可以添加酵母。（   ）

9. 紫苏酸枣糕中紫苏是必须要选用的原料。（   ）

三、思考题

1. 长沙臭豆腐，"闻着臭、吃着香"，这里的臭和香是如何形成的？

2. 姊妹团子入口软香，其皮坯起到关键性作用，请详细写出皮坯的制作方法。

3. 根据所学知识，请归纳出长沙口味虾的制作步骤并写出关键点。

4. 你知道株洲地区还有哪些特色小吃？以小组为单位搜集一种并说明它的制作方法和工艺。

5. 你知道湘潭地区还有哪些特色小吃？它们是怎么做的？

6. 根据所学知识，请归纳出炒米糕的制作步骤并写出关键点。

项目三 洞庭湖地区风味小吃

任务一　洞庭湖地区简介

　　洞庭湖地区，位于长江中游以南，湖南省北部，以洞庭湖为核心，向东、南、西三周过渡为河湖冲积平原、环湖丘陵岗地、低山，形成一碟形盆地。在行政区划上，包括岳阳、华容、湘阴、南县、安乡、汉寿、澧县、临澧、桃源、望城10县市，临湘、沅江、汨罗、津市4县级市，以及岳阳市的岳阳楼区、君山区、云溪区，益阳市的资阳区、赫山区，常德市的武陵、鼎城区7区，共计21个市县区，此外还涉及湖北省的松滋、公安、石首等县市。

　　优越的地理位置、鲜明的湖乡风情和独特的民间习俗，使得洞庭湖地区通江达海、承东接西、贯通南北。这里自古以来物产丰富、商贾云集、物流通畅，使得洞庭湖地区饮食文化具有丰富多彩、兼容并蓄、善于创新的特点。从而成为南北地区饮食文化史乃至中国饮食文化史上重要的融合和创新之地。

任务二　洞庭湖地区特色小吃

实训一　华容团子

【导入】

华容团子是湖南省岳阳市华容县家喻户晓的一道小吃。团子又名团糍、菊花粘贴、滚团馅儿。据说团子最早起源于东汉时期，与馒头产生于同一个时代。传说关云长率五百铁骑走华容道时，为促使军民和平相处，监利、洪湖与华容、岳阳人民便采用黏米与糯米为浆，用菜心为馅，做成团子，慰问驻地的官兵。不久，这一当地名吃便在沿江两岸小吃中独占鳌头。

【工具】

锅，盆，蒸笼，刀，盘子，湿布。

【原料】

糯米粉500克，黏米粉500克，冷水500克，五花肉500克，胡萝卜250克，大蒜头100克，食用油50克，姜100克，生抽20克。

【制作过程】

（1）将黏米粉和糯米粉倒入盆中混合，倒入 500 克冷水，揉面团，直至盆中没有干粉。用一块干净的湿布将揉好的面团盖好备用。

（2）将五花肉、胡萝卜、香干、香菇切碎至黄豆粒大小。

（3）锅内放油，将切好的姜蒜倒入锅中炝香，接着倒入五花肉炒至八分熟，再倒入胡萝卜碎炒熟作馅料。

（4）像包包子一样（不用捏褶子）包成圆形，收口朝下。

（5）蒸锅中倒入冷水烧开，放上包好的团子，蒸 40 分钟。

（6）将蒸好的团子放入油中炸至金黄色后捞出，蒸好的团子也可以直接食用。

【制作关键】

（1）主料必须是沥过水的，翻炒到七成熟即可，建议干炒，以不留汤汁为好，允许有少量油沉淀。

（2）将凝固后的糯米浆包裹制作好的馅料捏成团，糯米浆要均匀地裹着馅。再用两手压扁，要保持圆形。

【成品标准】

色泽金黄，外脆内嫩。

华容团子评分表			
项次	项目及技术要求	配分	得分
1	器具清洁干净、个人卫生达标	10	
2	团子大小一致	20	
3	馅料鲜香，外脆内嫩	30	
4	色泽金黄，外形精美	30	
5	卫生打扫干净、工具摆放整齐	10	

实训二 石丰大糍粑

【导入】

平江西乡盛行过春节打糯米糍粑的习俗，尤其石丰一带的大糍粑更具特色。其做法是选用上等糯米淘洗干净，蒸煮成饭，再放到石臼中用木锤冲捣使其充分变软后，做成直径约1尺，厚1～2寸的大饼，待风干晾硬后即可切块食用。大糍粑可油煎，也可放在火上烘烤，吃起来松脆柔软。如将大糍粑存放在水缸里，用清水浸泡，则自春节直到端午，仍可保鲜，不变味、不变质。

【工具】

蒸锅，纱布，木槌，石臼。

【原料】

糯米250克，冷开水200克，开水200克。

【制作过程】

（1）糯米洗净，凉水浸泡1晚。

（2）蒸锅内水烧开，在蒸格上放上纱布，将滤干水分的糯米倒在纱布上。

（3）大火蒸熟，期间开锅，洒2～3次冷水。

（4）取出后倒入容器中，掺入少量开水搅拌均匀。

（5）盖上盖子焖一会，让蒸好的糯米吸收水分。

（6）用木槌将蒸好的糯米放在石臼中锤成泥状。

（7）用手掌沾点冷开水，将糍粑扯成适合的大小，待风干晾硬以后即可切块油煎食用。

【制作关键】

（1）糯米要充分泡发。

（2）糯米要锤成细腻的泥状，做成的糍粑口感才松软。

【成品标准】

松脆柔软，香气袭人。

石丰大糍粑评分表			
项次	项目及技术要求	配分	得分
1	器具清洁干净、个人卫生达标	10	
2	大小一致	20	
3	糯米泥细腻	30	
4	松脆柔软，香气袭人	30	
5	卫生打扫干净、工具摆放整齐	10	

【拓展知识】

糍粑食用方法多样，石丰大糍粑锤成泥状后即可食用；也可在黄豆面里滚一圈沾上黄豆面后搓圆，放入容器中，再淋上红糖水；还可以待风干晾硬以后放在火上烘烤。

实训三　辣炒年糕

【导入】

年糕是中华民族的传统美食，是逢年过节必备的节日食品，过年吃年糕是中国人的风俗之一。年糕是用黏性大的糯米或米粉蒸成的糕点，主要有红、黄、白三色，象征金银铜，年糕又称"年年糕"，与"年年高"谐音，寓意事业和生活一年比一年高。

【工具】

锅，手勺，灶台，刀，墩板，碗。

【原料】

年糕300克，青、红椒各30克，鸡蛋2个，洋葱30克，泡红辣椒10克，豆瓣酱10克，大蒜10克，盐3克，味精3克，酱油2克，香油5克。

【制作过程】

（1）将年糕切成条状，放入碗中，用温水泡软。

（2）将青、红辣椒和洋葱切成菱形片，泡红辣椒切碎。

（3）取蛋液煎成鸡蛋饼，随后切成菱形片。

（4）热锅冷油，将泡红辣椒、豆瓣酱炒出红油色，蒜片炒出香味，下年糕炒软，放入青、红辣椒片和洋葱片炒至断生，用盐、味精、酱油调味调色，起锅前淋入香油，装盘成菜。

【制作关键】

（1）年糕要先用温水泡软，否则不易入味。

（2）火候控制得当，调味准确。

【成品标准】

色泽红亮，酸辣适口。

辣炒年糕评分表			
项次	项目及技术要求	配分	得分
1	器具清洁干净、个人卫生达标	10	
2	色泽红亮	40	
3	酸辣适口	40	
4	卫生打扫干净、工具摆放整齐	10	

实训四　君山虾饼

【导入】

"洞庭天下水，岳阳天下楼"，这句流传数百年的佳话赞扬了湖南岳阳，而岳阳楼下的洞庭湖更是有名。洞庭湖盛产鲜虾，虾饼是湖南岳阳风味小吃，系用洞庭湖一带出产的鲜虾，拌以面粉糊炸制成的，具有外焦里嫩、鲜香味美的特点，是一种非常美味而且开胃的风味小吃。

【工具】

灶台，刀，平底手勺（特制模具），锅，竹筷。

【原料】

鲜虾500克，面粉450克，食盐6克，清水30克，姜10克，葱10克，料酒20克。

【制作过程】

（1）将鲜虾去须，沥干水分后放入盆内，用姜、葱、料酒制成姜葱水腌制15分钟去腥。

（2）将面粉、清水和食盐搅拌均匀成面糊备用。

（3）起锅烧油至七成油温时，分批将裹好面糊的虾舀入直径约13厘米的平底手勺内，用竹筷扒平，勿使虾重叠，然后入锅，炸至虾饼定型自动脱离手勺，取出手勺，将虾饼炸至金黄色，捞出沥油即可。

【制作关键】

（1）将虾清洗干净。

（2）手勺要先用热油烫一下，虾饼容易脱模。

【成品标准】

色泽金黄，外脆里嫩，虾味十足，香脆可口。

君山虾饼评分表			
项次	项目及技术要求	配分	得分
1	器具清洁干净、个人卫生达标	10	
2	大小一致	20	
3	色泽金黄	30	
4	外脆里嫩，虾味十足，香脆可口	30	
5	卫生打扫干净、工具摆放整齐	10	

实训五 洞庭湖藕夹

【导入】

洞庭湖的"湖中湖"——莲湖,盛产莲藕,藕是药用价值相当高的植物,它的根茎、花须、果实皆是宝,都可滋补入药。用藕制成粉,能消食止泻,开胃清热,滋补养性,预防内出血,是妇孺童妪、体弱多病者上好的流质食品和滋补佳珍。藕含有丰富的维生素C及矿物质,具有一定药效,有益于心脏,有促进新陈代谢、防止皮肤粗糙的效果。藕还可做成多种多样的菜式,洞庭湖藕夹就是其中一道很具洞庭湖特色的菜肴。

【工具】

锅,盆,刀,盘子,漏勺,筷子。

【原料】

莲藕500克,肉泥150克,盐5克,姜20克,葱20克,老抽3克,生抽10克,蚝油5克,鸡蛋清1个,面粉150克,鸡蛋黄1个,食用油1500克,水50克。

【制作过程】

(1)葱、姜洗净切末;蛋清蛋黄分离。

(2)取肉泥置于盆中,加入蛋清、清水搅拌均匀,用盐、生抽、老抽、蚝油调味,用手沿一个方向搅打肉馅至上劲,加入葱、姜末拌匀待用。

(3)莲藕去皮,去掉两头,切成约5毫米的厚片,第一刀切入底部不要切断,然后再切一刀切断。

（4）碗中放面粉，把藕夹的每一面都扑满干粉。

（5）把藕夹掰开，用筷子小心地把肉馅装入，动作要轻，不然藕会断，装好后按紧。

（6）在粉碗中加入蛋黄、清水调制面糊。

（7）油锅烧七八成热，下裹好面糊的藕夹，小火炸熟，再转大火炸至金黄，捞出控油即可。

【制作关键】

（1）裹藕夹的面糊不要太稀，否则炸出来没有脆皮。

（2）切藕夹的时候注意不要切断。

【成品标准】

色泽金黄，口味咸香，外酥内嫩。

洞庭湖藕夹评分表			
项次	项目及技术要求	配分	得分
1	器具清洁干净、个人卫生达标	10	
2	藕夹大小一致	20	
3	藕夹外酥里嫩，口味咸香	30	
4	色泽金黄，肉馅香嫩	30	
5	卫生打扫干净、工具摆放整齐	10	

实训六　益阳擂茶

【导入】

擂茶起于汉朝，盛于明清。据说三国时期，刘备和曹操交战，因久旱酷暑，致使瘟疫流行，刘备的军队吃了当地人做的擂茶后，治好了疫病，打了胜仗。湖南许多地方都盛行打擂茶的习俗，其中以大梅山、益阳桃花江和武陵三个地方的茶居多，热情好客的当地人就会用红漆茶盘端出香喷喷的擂茶相敬。擂者，研磨也。擂茶，就是把茶叶、芝麻、花生等原料放进擂钵里研磨后冲开水喝的养生茶饮。擂茶制作简便，清香可口，具有解渴、清凉、消暑、充饥等多种功效。

【工具】

擂钵，擂茶棒。

【原料】

熟花生100克，熟芝麻100克，茶叶40克，阴米20克，白砂糖，开水500克。

【制作过程】

（1）先把糯米浸胀，再蒸熟，再晒干或阴干，即成阴米。

（2）炒料，将阴米炒至略带焦黄、酥脆待用。

（3）研磨，将茶叶、花生、芝麻等原料放入擂钵中，用擂茶棒擂动、旋转，加入少量温开水擂成糊状。

（4）冲汤撒料，将开水趁热加入擂钵中，边加边用擂茶棒擂均匀，根据个人喜好，加入食盐或糖，调成茶汤，最后将炒黄的阴米撒在茶汤表面即可。

【制作关键】

制作擂茶时需边擂边添加各种原料和少量的温水。

【成品标准】

芳香爽口，味美茶鲜，五谷飘香。

益阳擂茶评分表			
项次	项目及技术要求	配分	得分
1	器具清洁干净、个人卫生达标	10	
2	芳香爽口，味美茶鲜，五谷飘香	40	
3	口感细腻	40	
4	卫生打扫干净、工具摆放整齐	10	

实训七　长寿炸肉

【导入】

长寿炸肉是湖南省岳阳平江特色美食，是一款带有浓厚地方风味的面点食品，属于湘北古镇长寿街特有的传统美食。历史悠长，口味独特，老少皆宜，深受天下食客的青睐，与五香酱干、米豆腐、火焙鱼和黑酸菜齐名，并称为当地五大地方特产。

【工具】

炉灶，锅，小勺，漏勺，刀具，碗，蒸笼。

【原料】

石磨麦粉500克，鸡蛋300克，花油肉100克（取自猪肠旁的优质间油），食用碱2克，葱15克，盐5克，食用油1500克。

【制作过程】

（1）花油肉洗净切0.5厘米见方的肉丁；葱洗净切碎。

（2）将鸡蛋打入盆中，加入花油肉打散，加入石磨麦粉、盐、食用碱调制面糊，撒入葱花，淋入食用油待用。

（3）锅置旺火加入食用油，加热至五成热，用小勺分次下入面糊，炸至定型，捞出沥油；待油温回升至七成热下入复炸至金黄色，捞出沥油即可。

【制作关键】

（1）炸肉面粉必须选本地所产的石磨麦粉。

（2）面糊调制浓稠度要恰当。

【成品标准】

色泽金黄，麦香浓郁，松脆可口。

长寿炸肉评分表			
项次	项目及技术要求	配分	得分
1	器具清洁干净、个人卫生达标	10	
2	面糊调制浓稠适度	20	
3	油温控制恰当	30	
4	成品色泽金黄，起泡，大小均匀	30	
5	卫生打扫干净、工具摆放整齐	10	

【拓展知识】

　　长寿炸肉有三种吃法：其一为"粗"吃，即出油锅直接取食。其二煮汤，即将炸肉切成薄片，与白豆腐、河虾煲成鲜嫩可口的靓汤。其三蒸食，这也是最传统的吃法，年节喜庆，八仙桌上，十碗八碗，依次推杯换盏，炸肉作为头菜，为祈求天宫赐福，将炸肉切成2厘米左右薄饼状，垒成锥形塔状结构，像砌墙过码般堆在八寸海碗中，过蒸笼用大火蒸15～20分钟，淋上靓汤和各种材质的菜肴"盖头"，即端上桌分享。"盖头"一般有"雪花盖顶"（加放豆芽百叶丝）、"绿满山川"（加放青菜肉末）等艺名，品尝之余，闻之不禁令人拍案叫绝。

实训八 长乐甜酒

【导入】

长乐甜酒产自湖南省汨罗市，汨罗市有湘江段及流长 4 千米，流域面积 6.5 平方千米以上的河流 44 条，其中，流域面积在 100 平方千米以上的河流有 10 条。属于洞庭湖水系的汨罗江，是洞庭湖水系中仅次于湘、资、沅、澧的第五大水系。

北宋真宗景佑年间，长乐街开始酿造甜酒。元朝元顺帝未登大宝之时，受封在靖江，赴藩经过长乐，曾饮此酒而大悦，赞曰："长饮此酒，乐而忘忧。"清乾隆帝三下江南，曾经驻驿长乐，品酒后赞不绝口，御笔亲题"长乐甜酒"，随后广为流传。

【工具】

缸，坛，甑，箩等。

【原料】

糯米，酿造用水，酒曲。

【制作过程】

（1）糯米清洗干净，用清水浸泡 4 个小时，上火蒸制 30 分钟。

（2）米饭淋少量食用水，将米饭拌松散，洒上酒曲拌匀，放入坛内，封口。

（3）在 35 ～ 40 ℃下发酵 40 ～ 48 个小时，即成米酒。

【制作关键】

（1）淘米浸泡约4个小时，用柴火蒸煮25～30分钟。

（2）淋饭清除米汤，保持饭粒清爽，米饭保持在10～15℃时拌曲。

（3）发酵温度控制在35～40℃，发酵时间控制在40～48个小时。

（4）缸、坛、甑、箩等需用陶瓷制品或竹木制品，其工艺与质量必须符合相关标准，禁用塑料制品。

（5）糯米选"桂花糯"（俗称"三粒寸"）。栽培过程中禁用化肥农药。收割时间在每年10月20日左右，收割后立即曝晒两天，然后堆放两天，再复晒至全干，含水量≤14%。加工成精米，米粒饱满，色白有光泽，无杂质，无虫伤，无霉变；酿造用水采用深井水，井深≥10米，水质符合国家饮用水标准；酒曲选用本地产曲花籽、芝麻花和糙米制曲。

【成品标准】

软硬适度，酒汁渗透，米香浓郁，味浓甜。

长乐甜酒评分表			
项次	项目及技术要求	配分	得分
1	器具清洁干净，符合工艺要求	10	
2	淘米浸泡适度，米饭软硬符合要求	20	
3	发酵温度控制恰当	30	
4	发酵时间掌握精准	40	

【拓展知识】

汨罗市属亚热带湿润性气候，四季分明。累计年平均气温17℃，以1月、4月、7月、10月分别代表冬、春、夏、秋四季，其平均气温分别为4.4℃、17.0℃、28.9℃、18.1℃。全年气候是冬冷、春暖、夏热、秋凉。阳光充足，雨水集中。累计年平均日照时数为1650.1小时，日照百分率为37%，其中71.6%集中在主要农作物生长的7—10月。在全国属多雨地区，65.6%的降水和70%～85%的总辐射集中在4—10月，光、热、水三者配合较好，适宜酿造长乐甜酒。

长乐甜酒，看起来晶莹可鉴，闻起来馥郁芬芳，吃起来唇齿留香。长乐甜酒营养丰富，含糖、矿物质、有机酸、氨基酸和B族维生素等多种营养成分，是一种舒筋、固气、提神醒脑、去风湿的滋补品。

实训九　捆鸡

【导入】

捆鸡为湖南长沙街头的一道小吃，很多外地人听到捆鸡第一反应就是鸡肉做的小吃，其实并非如此。捆鸡按制作原料可分为素捆鸡与荤捆鸡两种。荤捆鸡又称肉捆鸡，其实是由洗净的鸭肠、鸡肠、猪小肠等紧紧捆绑成火腿状，然后在特制卤水中卤制而成的半成品。要吃的时候将其切薄片，凉拌、小炒皆可食用。素捆鸡是由豆制品做的，不过跟前面说的荤捆鸡形态一样，又称为素鸡。

【原料】

鸡肠500克，鸭肠500克，猪小肠500克，料酒10克，卤水（25千克卤水标准：葱100克，姜110克，香叶19克，八角38克，桂皮75克，干辣椒150克，花椒60克，白芷30克，肉蔻15克，小茴香57克，丁香19克，草果38克，黄栀子25克，盐1500克，鸡精900克，生抽500克，老抽300克，冰糖1000克）。

【制作过程】

（1）准备好鸡肠、鸭肠、猪小肠，清洗干净，捆绑成圆柱形放入锅中，加入姜片、料酒、葱结，开大火煮30分钟。

（2）准备好所需要的：香叶、八角、桂皮、干辣椒、花椒、白芷、肉蔻、小茴香、丁香、草果、黄桅子，一起放入香料包中。

（3）准备好一定分量的水倒入卤锅，放入卤料包，熬煮15～20分钟，熬出香味。加入老抽、生抽、冰糖、姜、葱、盐、味精搅拌均匀放入煮好的捆鸡，中小火继续卤40分钟。

（4）调料汁：碗中加入姜、蒜、小米辣、食盐、孜然粉、鸡精、味精、香油、辣椒油，淋入一勺卤汤混合搅拌均匀。

（5）冷却后的捆鸡切成薄片放入碗中，淋上调好的料汁即可。

【制作关键】

（1）鸡肠、鸭肠捆扎成圆柱形时一定要扎紧。

（2）卤水调制是关键，有老卤水效果会更好。

（3）味汁调制口味可以多样化。

【成品标准】

口感柔韧多汁，入口略苦后转鲜甜。

捆鸡评分表			
项次	项目及技术要求	配分	得分
1	主料清洗干净、个人卫生达标	10	
2	捆扎紧实	10	
3	初步熟处理火候恰当	20	
4	卤水锅调制合理	40	
5	改刀整齐、调味适口	20	

实训十　阴米红枣粥

【导入】

　　阴米是将糯米蒸熟后阴干而成的一种具有地域特征的食材，通常在川渝、湖南、湖北等地可以见到。具体制作方法是：将糯米精选除去杂质后，在清水中浸泡7～12小时，沥干水分后，再蒸至熟透，置于晾晒容器内，先冷却干缩，然后揉搓成粒状，放至通风朝阳处晾晒，干燥无水分后即可贮藏。阴米可以单用煮粥，也可以与绿豆混合煮粥，还可以炸米泡或炒熟碾粉用开水泡食，具有暖脾、补中益气等效用。

【工具】

　　电饭煲、汤碗。

【原料】

　　阴米100克，红枣6～8枚（洗净、去核，稍剁为粗泥状备用），白糖适量。

【制作过程】

　　（1）锅中放适量清水，大火烧开，放入阴米，小火慢煮约20分钟至米粒软烂。

　　（2）放入枣泥，再小火煮3～5分钟，加入适量白糖即可。

【制作关键】

（1）阴米要淘洗干净。

（2）水烧开后，再放阴米。

（3）水量适当。

【成品标准】

甜香适口，稀稠适度。

	阴米红枣粥评分表		
项次	项目及技术要求	配分	得分
1	器具清洁干净、个人卫生达标	10	
2	稀稠适度	40	
3	甜香适口	40	
4	卫生打扫干净、工具摆放整齐	10	

实训十一 焦切糖

【导入】

　　焦切糖是焦切麻糖片的简称，又名"浇切糖""片糖"，薄而酥脆。范成大《分岁词》诗中就有描述，如："就中脆饧专节物，四座齿颊锵冰霜"，"脆饧，盖即今之浇切糖"。焦切糖又称"芝麻片糖"，是由芝麻饴糖压成的薄片，具有营养丰富、芳香扑鼻、入口即松化、回味甘甜等特点。焦切糖还称"洋糖"，因为明末清初，这种糖常作为礼品送给县令和抚军，并作为贡品转呈宫内，亦被列为佳品，受到嘉奖，从此名声大噪，销路越来越广，并且漂洋过海，远销海外，"洋糖"因此得名。焦切糖在我国湖南、湖北、江淮地区皆有生产，湖南以常德桃源县所产为佳。

【工具】

　　走槌，方形模具，锅，手勺，案板。

【原料】

　　芝麻仁360克，白砂糖400克，饴糖180克，植物油20克，清水200克。

【制作过程】

　　（1）炒熟芝麻，备用。

　　（2）锅内加水，放入白砂糖煮化并熬至大泡（琥珀色），加入饴糖熬至糖浆温度为

130℃左右，倒入芝麻仁，迅速搅拌。

（3）混拌均匀后，立即倒入涂有植物油的方形模具内，及时用走槌（涂上植物油）擀压，先轻压轻擀，后重压快擀，擀压速度应与糖坯冷凝速度配合恰当，擀至2毫米厚，趁稍冷未硬之前，用快刀切割成长宽各6厘米的薄片，彻底晾凉。

【制作关键】

（1）注意控制糖浆的温度。

（2）注意控制擀压的力度。

（3）饴糖和白糖的比例适当。

【成品标准】

芝麻香浓，甘甜可口，营养丰富，酥脆不粘牙。

焦切糖评分表			
项次	项目及技术要求	配分	得分
1	器具清洁干净、个人卫生达标	10	
2	芝麻香浓，甘甜适口	30	
3	酥脆不粘牙	30	
4	厚薄均匀	20	
5	卫生打扫干净、工具摆放整齐	10	

实训十二　捆肘卷

【导入】

捆肘卷是湖南省益阳市资阳区的传统名菜。此菜色泽红润，形状优美，质地脆嫩，咸鲜可口。

【工具】

盆，刀，砧板，煮锅，碗，筷子，竹扦。

【原料】

猪肘 500 克，花椒 25 克，盐 150 克，大葱 100 克，白砂糖 100 克，姜 100 克，白酒 50 克，香油 100 克。

【制作过程】

（1）将肘皮残存的毛挟去，刮洗干净，抹干水分。

（2）先把花椒炒热，再下入盐炒烫，倒出晾凉。

（3）葱、姜拍破，同时用竹扦在肘子肉上扎眼。

（4）用盐、糖、花椒、酒、葱、姜在肘肉上搓揉，放入陶器盆内，腌约 5 天。

（5）把腌好的肘肉，用温水刮洗一遍，抹干水分，用净白布裹成圆筒，再用绳捆紧，装入盆内，旺火蒸 2 个小时后取出。

（6）解开绳布，重新卷裹一次，再蒸半小时取出。凉透后解去绳布，刷上香油，以免干燥。

（7）食用时，切开，呈半圆形，切薄片摆盘，淋香油即成。

【制作关键】

（1）花椒炒烫，倒出晾凉，以不烫手为准。

（2）肘子肉上扎些眼，利于腌时入味。

（3）肘子肉放入陶器盆内，腌制时皮朝下，最上一层皮朝上。

【成品标准】

色泽红润，形状优美，质地脆嫩，咸鲜可口。

捆肘卷评分表			
项次	项目及技术要求	配分	得分
1	器具清洁干净、个人卫生达标	10	
2	外型规整，捆扎紧凑	20	
3	质地脆嫩，咸鲜适口	30	
4	色泽红润，形状优美	30	
5	卫生打扫干净、工具摆放整齐	10	

实训十三　常德酱板鸭

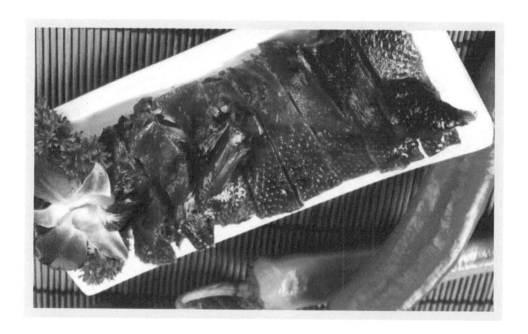

【导入】

常德酱板鸭是以武陵区及周边地区，在特定的自然环境下，采用放养或半放养370～700天、活体重1400～1600克的体格健实、毛色鲜亮的本地母麻鸭为主料，经过酱、腌、烤、卤等15道工序，加上武陵区传承上千年的卤水古法配方工艺，生产加工而成。酱板鸭风味独特，鲜香可口，肉香骨脆，嚼劲绵长。

湖南人素以能吃辣、爱吃辣著称，而常德酱板鸭的味道却不仅于辣，还超越了辣。常德酱板鸭香、辣、鲜、爽，风味独特，具有醇香可口、色香俱全、低脂不腻、回味无穷、食用方便、营养丰富的特点，是颇具代表性的地方特产，在当地有"不吃常德酱板鸭，不懂常德真味道"之说。

【工具】

刀，竹片，烤炉，不锈钢盆。

【原料】

麻鸭1只（约1500克），姜片30克，葱段100克，精盐120克，料酒60克，玫瑰露酒20克，啤酒250克，生抽250克，冰糖50克，味精15克，干辣椒25克，花椒10克，八角20克，山奈10克，桂皮10克，小茴香6克，陈皮5克，砂仁5克，豆蔻5克，荜拔5克，白芷5克，香叶5片，甘草3克，罗汉果1个，红曲米50克，花生油100克，香油 25 克，红油 30 克。

【制作过程】

（1）麻鸭宰杀后洗净，剁去鸭掌，从背部开膛取出内脏，将鸭子里外都冲洗干净，再把鸭身展开，反扣于案板上，用重物将其压扁。

（2）取一面盆，放入姜片 15 克、葱段 50 克、精盐 100 克、料酒 30 克及干辣椒、花椒、玫瑰露酒等，随后掺入适量清水，搅拌均匀后，将麻鸭放入盆中，浸泡至入味后捞出。

（3）用两根竹片交叉着将鸭腔撑开，沥干水分，然后将麻鸭挂入烤炉中，用果木炭火将鸭慢烤至表皮酥黄且五六成熟时，取出。

（4）将八角、山奈、桂皮、小茴香、陈皮、砂仁、豆蔻、荜拨、白芷、香叶、甘草、罗汉果等一起装入一个纱布袋中，做成香料包；再将红曲米装入另一个纱布袋中，做成红曲米包。

（5）将锅置火上，放入花生油烧热，投入剩余的姜片、葱段爆香，掺入清水，放入剩余的料酒、精盐及啤酒、生抽、冰糖、味精等，另放入香料包和红曲米包，用大火烧开后，撇净浮沫，接着将烤过的麻鸭放入锅中，转用小火将麻鸭慢卤至熟，捞出。

（6）捞出卤汁中的姜葱、香料包和红曲米包，再用大火将卤汁收浓，然后把卤汁均匀地往鸭身淋一遍，待鸭身冷却后，再往鸭身表面刷上香油，即成"酱板鸭"。

（7）把"酱板鸭"剁成条块，装入盘中还原成鸭形，然后用红油加卤鸭原汁调匀成红油卤汁，淋在盘中鸭块上即成。

【制作关键】

（1）最好选用鸭龄为 1 年左右的仔麻鸭。

（2）麻鸭宰杀清洗时应保持鸭体完整，表皮无伤痕。

（3）麻鸭从背部开膛是便于将鸭身压扁，并保持鸭的腹部完整。

（4）腌制时间一般夏季为 1 天，冬季为 3 天，春秋季为 2 天。

（5）麻鸭挂入炉中烘烤时，一定要掌握好火候，并将鸭身在炉中翻动几次，使之受热均匀。

（6）卤制麻鸭时，只能以小火焖卤，需加盖至熟。

【成品标准】

成品色泽深红，皮肉酥香，酱香浓郁。

常德酱板鸭评分表

项次	项目及技术要求	配分	得分
1	器具清洁干净、个人卫生达标	10	
2	酱板鸭成品体态完整	20	
3	色泽红亮	30	
4	口感香、辣、甘、麻、咸、酥适中	30	
5	卫生打扫干净、工具摆放整齐	10	

实训十四　蒿子粑粑

【导入】

据祖辈流传下来的说法，"三月三"是亡灵的节日。这一天家家都吃蒿子粑，为的是纪念逝者，同时祝愿活着的人健康长寿，不为病邪所侵。蒿子名叫蒿草，属草本植物，俗名粑蒿，叶面呈绿色，叶底微白带绒毛。入春后，生长于低岗野地，采撷后捣碎，浸泡，去汁，挤干，然后用米粉加水拌和，也可加进腊肉等佐料，做成圆粑粑。可用蒸笼蒸，也可蒸熟后用香油将两面煎炸至金黄色，外酥里软，口味更佳。这种蒿子粑带有绿色野菜的清香，鲜香可口，实乃最具地方特色的食物。在常德桃源民间至今流传着"三月三，蛇出山，蒿子粑粑塞蛇眼"。

【工具】

平底锅，炒锅，刀，盆。

【原料】

糯米粉 500 克，野蒿 500 克，植物油 100 克，温水 500 克。

【制作过程】

（1）野蒿洗净去除粗根，下入开水锅中焯熟至艾叶变成深绿色，捞出后过凉水，挤干水分，斩剁成末。

（2）糯米粉用热水调制成团，加入剁好的野蒿揉成软硬适中的糯米粉团。

（3）将加工好的面团分为 40 克左右的面坯，置于刷过油的案板上，按压成厚薄均匀的饼状。

（4）平底锅倒入少量油，放入饼坯，煎至两面金黄，出锅装盘。

【制作关键】

（1）野蒿焯水时注意开水下锅，焯水时间不宜过长，否则叶片就会泛黄，影响成品色泽。

（2）调制糯米粉团时注意加水量，要考虑艾叶也含一定量的水分。

（3）煎制时要勤翻动，防止粘连及焦糊。

【成品标准】

形似饼状，清甜甘香，软糯可口，带有艾蒿香气。

蒿子粑粑评分表			
项次	项目及技术要求	配分	得分
1	器具清洁干净、个人卫生达标	10	
2	蒿子粑粑大小一致	20	
3	口味清甜甘香，带有艾蒿香气	30	
4	口感软糯可口	30	
5	卫生打扫干净、工具摆放整齐	10	

实训十五　腊肉煎糍粑

【导入】

腊肉是石门土家人过年送礼的上乘礼品。每年正月初二女婿拜访岳父家极好的礼品就是一块腊肉，特别是农家娶媳妇，到女家认族亲，男家一定要背一块腊肉作礼品，叫"茶肉"，即使买贵重的礼品也抵不了这块腊肉。石门腊肉的大量制作是在每年的冬季腊月。每逢寒冬腊月，各家各户便开始杀猪宰羊，尤其是杀猪，一户少则一头，多则两三头。石门土家族有句俗语叫"二十八，打粑粑"，也就是说，腊月是土家人打粑粑的时节，而所谓的粑粑主要是糍粑。土家族打糍粑一般都会选择在新年前夕，而且是左邻右舍的邻居一起打，这样不仅能搞好邻里关系，而且能够营造节日的氛围。土家人通常穿着节日的盛装，制作代表土家族大吉大利、五谷丰登的糍粑。

【工具】

平底锅，刀。

【原料】

腊肉100克，糍粑1块，香葱5克。

【制作过程】

（1）将腊肉用温水洗净，用菜刀刮去表面的油垢。

（2）将洗净的腊肉切成 0.5 cm 见方的粒，焯水去除多余的盐分，沥干水分备用。

（3）将糍粑改刀成 2 cm×4 cm×0.5 cm 的长方形块。

（4）锅中放入少量的油，将腊肉粒放入锅中煸香。

（5）放入切好的糍粑块，小火一起煎制，至糍粑两面金黄再撒入葱花即可出锅装盘。

【制作关键】

（1）腊肉一定要洗净，焯水，去除过多的盐分。

（2）煎制的时候火候不能过大，防止焦煳。

【成品标准】

色泽金黄，口感软糯，咸度适中。

腊肉煎糍粑			
项次	项目及技术要求	配分	得分
1	器具清洁干净、个人卫生达标	10	
2	色泽金黄	20	
3	腊肉、糍粑改刀均匀	30	
4	口味突出，咸度适中	30	
5	卫生打扫干净、工具摆放整齐	10	

实训十六　桃源铜锤鸡腿

【导入】

　　"桃源铜锤鸡腿"系用桃源地方出产的大种鸡为原料制作而成。据《桃源县志》载:"明嘉庆年间,桃源鸡便闻名于世。"这种鸡个大、体壮、肉质细嫩、味道鲜美。精心制作的鸡腿因形似铜锤而得名。

【工具】

　　刀,墩板,灶台。

【原料】

　　桃源产嫩子鸡腿 10 个(重约 900 克),鸡蛋 6 个,西兰花 100 克,香菜 20 克,花生油 1000 克(实耗 150 克),料酒 50 克,精盐 5 克,味精 2 克,胡椒粉 0.5 克,葱 15 克,姜 15 克,白糖 5 克,花椒子 20 粒,干淀粉 50 克,香油 15 克。

【制作过程】

　　(1)葱姜捣烂用料酒取汁,鸡蛋去黄用清,香菜摘洗干净,西兰花洗净。

　　(2)将鸡腿上残毛挟去,去净骨(腿筒子骨保留待用)。鸡腿肉用刀和刀背捶松,砸断筋络,用葱姜酒汁、精盐、白糖、花椒子、胡椒粉和味精腌约 1 小时,然后挑去花椒子,鸡蛋清(1 个)、干淀粉 10 克调匀上浆,再用筒子骨入鸡肉做成锤形。

　　(3)鸡蛋清(5 个)用筷子打起泡,加入干淀粉 40 克,调制成雪花蛋糊。

（4）将花生油烧至六成热时端锅离火，把穿好的鸡腿逐个裹上雪花蛋糊，下入油锅，再置中火上炸熟，浅黄色捞出，即成铜锤鸡腿。

（5）将花生油再次烧至六成热时，下入铜锤鸡腿重炸软透，呈金黄色捞出，淋香油，用纸花套在鸡骨上，摆在圆盘周围，盘中央摆放香菜、西兰花即成。

【制作关键】

（1）要将筒子骨裹紧，不然炸时易散。

（2）抽打鸡蛋清，应顺一个方向快速抽打，以立住筷子为准。

【成品标准】

色泽金黄，造型美观，松脆香酥，味道咸香。

桃源铜锤鸡腿评分表

项次	项目及技术要求	配分	得分
1	器具清洁干净、个人卫生达标	10	
2	刀工处理得当	20	
3	松脆香酥，味道咸香	30	
4	色泽金黄，造型美观	30	
5	卫生打扫干净、工具摆放整齐	10	

练习题

一、单选题

1.石丰位于（ 　　 ）。

A.株洲　　　　　　　　B.江西　　　　　　　　C.岳阳

2.辣炒年糕的味型是（ 　　 ）。

A.酸甜适口　　　　　　B.酸辣适口　　　　　　C.香辣味浓

3.桃源铜锤鸡腿是用（ 　　 ）制作成的，因形似铜锤，故名。

A.鸡胸　　　　　　　　B.鸡腿　　　　　　　　C.鸡翅

4.君山虾饼是（ 　　 ）的风味小吃。

A.鄱阳湖　　　　　　　B.洞庭湖　　　　　　　C.东江湖

5.下列做擂茶没有用到的原料是（　　　）。

A. 大米　　　　　　B. 小米　　　　　　C. 茶叶

6.（　　　）是湖南省岳阳市华容县家喻户晓的一道小吃。元宵将至，团子又名团糍、菊花粘贴、滚团馅儿。

A. 元宵　　　　　　B. 饺子　　　　　　C. 华容团子

7.（　　　）是湖南省岳阳平江特色美食。历史悠长，口味独特，老少咸宜，深受天下食客的青睐，与五香酱干、米豆腐、火焙鱼和黑酸菜齐名，并称为当地五大地方特产。

A. 洞庭湖藕夹　　　B. 长寿炸肉　　　　C. 平江茶油

8.石门土家人过年送礼的上乘礼品是（　　　），又称"茶肉"。

A. 茶叶　　　　　　B. 腊鸭　　　　　　C. 腊肉

9.据祖辈流传下来的说法，"三月三"是一切亡灵的节日。这一天家家吃（　　　），为的是纪念逝者，同时祝愿活着的人健康长寿，不为病邪所侵。

A. 蒿子粑　　　　　B. 糯米糍粑　　　　C. 汤圆

10.（　　　）风味独特，鲜香可口，肉香骨脆，嚼劲绵长，具有香、辣、鲜、爽四大特色，成为湖南地方名产。

A. 盐水鸭

B. 酱板鸭

C. 啤酒鸭

二、判断题

1.石丰大糍粑用的是籼米。（　　　）

2.年糕炒制之前要用温水浸泡至软。（　　　）

3.抽打鸡蛋清，应顺一个方向，可以缓慢抽打。（　　　）

4.阴米是阴天时种的大米。（　　　）

5.手勺要先用热水烫一下，否则虾饼容易脱模。（　　　）

6.焦切糖就是焦切麻糖片的简称，又名"浇切糖""片糖"，薄而酥脆。（　　　）

7.捆鸡是用鸡肉做成的长沙小吃。（　　　）

8. 裹藕夹的面糊不要太稀，否则炸出来后没有脆皮。(　　　)

9. 洞庭湖区位于长江中游以南、湖北省北部。(　　　)

10. 捆肘卷是湖南省益阳市资阳区传统名菜。(　　　)

三、思考题

1. 糯米为什么要浸泡呢？石丰大糍粑的成品标准是什么？

2. 为什么过年要吃年糕呢？

3. 君山虾饼的制作要领和成菜特点是什么？

4. 简述擂茶的来历及特点。

5. 洞庭湖地区为什么能成为南北饮食文化史乃至中国饮食文化史上重要的融合和创新之地？

項目四
小吃 湘南地区风味

任务一　湘南地区简介

　　湘南，即湖南南部地区，一般指湖南省南部地区的郴州、永州和衡阳。

　　郴州市位于湖南省东南部，地处南岭山脉与罗霄山脉交错、长江水系与珠江水系分流的地带。东界江西赣州，南邻广东韶关，西接湖南永州，北连湖南衡阳、株洲，素称湖南的"南大门"。郴州历史悠久，是古代炎帝部落苍梧越的聚集地，秦末汉初楚义帝熊心的都城，被评为国家优秀旅游城市，作为湖南国家级承接产业转移示范区，也是湖南对接粤港澳的"南大门"。湘南地区小吃以米制品为主，形式多样，煎煮蒸炸皆全。

　　永州市位于湖南省南部，潇、湘二水汇合处，故雅称"潇湘"。其地势三面环山、地貌复杂多样，是国家森林城市、国家历史文化名城。永州境内通过湘江北上可抵长江，南下经灵渠可通珠江水系，自古便是重要的交通要塞，是湖南通往广西、海南、粤西及西南各地的门户。小吃风味多咸香可口，原料类型丰富多样，品种繁多。

衡阳市位于湖南省中南部，是长江中游城市群重要成员，湖南省域副中心城市。衡阳城区横跨湘江，是湖南省以及中南地区重要的交通枢纽之一，多条重要公路、铁路干线在此交会。衡阳处于中南地区凹形面轴带部分，构成典型的盆地形势，属亚热带季风气候。衡阳的特色食品有玉麟香腰、衡阳唆螺、鱼头豆腐、张飞酒、湖之酒、石鼓酥薄月饼、乌莲、祁东黄花菜、祁东槟榔芋、南岳云雾茶、耒阳粉皮、坛子菜、衡阳米粉等。

任务二　湘南地区特色小吃

实训一　石鼓酥薄月饼

【导入】

石鼓酥薄月饼是衡阳市传统名优名特食品，在衡阳生产已有140余年的历史。中国传统月饼又称太师饼、胡饼、宫饼、月团、荷叶、金花、芙蓉、月光饼、团圆饼等，经千百年社会变迁和技术融合的发展，在衡阳地区逐步演变成具有地域特色的石鼓酥薄月饼。石鼓酥薄月饼经过传统工艺与现代技术相结合精制而成。制好的酥薄月饼大小匀称，断面酥皮层次清晰分明，皮酥馅香，酥松可口。

【工具】

竹簸箕，烤箱，盆，烤盘，擀面杖，碗，面刮板，棒槌，模具。

【原料】

小麦粉 1000 克，食用猪油（液态）25 克，猪油 500 克，芝麻仁 20 克，桔饼 20 克，玫瑰糖 20 克，桂花糖 20 克，麻蓉 20 克，糕粉 20 克，饴糖 20 克。

【制作过程】

（1）取小麦粉 750 克，用面刮板开窝后倒入水、液态猪油，混匀揉搓至表面光滑，静置 30 分钟后，擀成厚片待用。

（2）取小麦粉 250 克，用面刮板开窝后倒入猪油，混匀揉搓后包入面皮中，用棒槌敲打、压制，使气泡溢出后，揉搓成小条，取 50 克一个制成小团。

（3）取小团用手掌压成面皮，包入由桔饼、玫瑰糖、桂花糖、麻蓉、糕粉、饴糖制成的馅心。然后揉搓均匀，擀成圆饼状，放入模具压制成型后待用。

（4）将炒熟的芝麻均匀放入竹簸箕中，把按压好的月饼逐个摊在芝麻上抖动，使其两面均匀沾上芝麻。

（5）把裹好芝麻的月饼放入烤盘中均匀铺好，放入 200℃ 左右的烤箱中，烤 10 分钟即成。

【制作关键】

（1）制作面皮和油酥时面粉和猪油的比例要根据面粉和猪油的品种、品质、温度适当微调，以达到最佳起酥效果。

（2）烤制的时间要恰当，表面淡黄或者微白为佳。

【成品标准】

酥松可口，咸甜适中，层次清晰。

石鼓酥薄月饼评分表			
项次	项目及技术要求	配分	得分
1	器具清洁干净、个人卫生达标	10	
2	酥薄月饼大小一致	20	
3	酥松可口，咸甜适中	30	
4	芝麻均匀，酥皮层次清晰分明	30	
5	卫生打扫干净、工具摆放整齐	10	

实训二 泡椒响螺片

【导入】

泡椒响螺片是一道传统的湘菜。此菜柔嫩清鲜，微麻辣。

【工具】

刀，砧板，灶台。

【原料】

干螺片 100 克，红泡椒 100 克，黄瓜 50 克，植物油 50 克，精盐 3 克，味精 2 克，鸡精 3 克，蚝油 4 克，米酒 25 克，蒸鱼豉油 5 克，姜 25 克，蒜 5 克，香葱 20 克，花椒油 2 克，香油 4 克，湿淀粉 5 克，鲜汤 100 克。

【制作过程】

（1）将响螺片入清水中泡软，加香葱、姜（20 克）、米酒入笼蒸 1.5 个小时至涨发，取出片成斜片，焯水待用。

（2）将黄瓜去皮切成斜片，焯水断生后摆入盘中；取 80 克红泡椒切段，余下部分搅碎；姜、蒜切片。

（3）锅内放底油，烧热后下姜片、蒜片、泡椒末煸香，放入响螺片，加泡椒段、精盐、味精、鸡精、蚝油、蒸鱼豉油调好味，烹入鲜汤稍焖，再收浓汤汁，湿淀粉勾芡，淋香油、花椒油，出锅盖于黄瓜上即可。

【制作关键】

热锅冷油，控制火候。

【成品标准】

质地脆嫩，香辣可口。

泡椒响螺片评分表			
项次	项目及技术要求	配分	得分
1	器具清洁干净、个人卫生达标	10	
2	装盘美观	40	
3	质地脆嫩，香辣可口	40	
4	卫生打扫干净、工具摆放整齐	10	

实训三　荷叶包饭

【导入】

夏天到了，荷花开了，美食来了。荷叶性味甘、寒，入脾、胃经，有清热解暑、平肝降脂之功效，适用于暑热烦渴、口干引饮、小便短黄、头晕目眩、面色红赤，以及高血压、高血脂人群食用。荷叶包饭是衡阳著名的特色美食，距今已有千年的历史。炒饭有荷叶的搭配，使其清香四溢、味美而不油腻、味道鲜香，可以增强人的食欲，提神益肺，是一道风味独特的药膳保健食品，多在夏季荷叶茂盛时食用。

【工具】

锅，盆，蒸笼，刀，盘子。

【原料】

大米300克，糯米100克，荷叶一张，猪肉100克，香菇50克，虾仁50克，生抽10克，油20克，料酒5克，盐3克，胡椒粉3克，淀粉，香油。

【制作过程】

（1）大米和糯米用水浸泡2个小时后加入少许油拌匀。

（2）荷叶用热水烫洗干净。

（3）把米放入荷叶中包好。

（4）入锅用大火蒸15分钟后取出备用。

（5）香菇、猪肉洗净切丁，猪肉和虾仁用少许料酒、生抽、淀粉拌匀腌5分钟。

（6）锅中倒入适量油，油热后放入肉丁、虾仁和香菇丁煸炒。

（7）调入料酒、生抽、盐和胡椒粉翻炒均匀，再把蒸好的米饭放进去，淋入香油翻炒均匀即可。

（8）把之前蒸米饭用的荷叶重新铺开，把炒好的米饭放入荷叶中间，再把荷叶的四边向里折叠包住米饭，将包好的荷叶饭放入蒸锅，用大火蒸15分钟即可。

【制作关键】

（1）大米和糯米浸泡的时间一定要充足，糯米蒸的过程中不要开盖，以防夹生。

（2）馅料和米要拌匀。

【成品标准】

香甜软糯，色泽金黄。

荷叶包饭评分表			
项次	项目及技术要求	配分	得分
1	器具清洁干净、个人卫生达标	10	
2	油量适中，没有夹生	20	
3	口感软糯，馅料鲜香	30	
4	米粒金黄，外型规整	30	
5	卫生打扫干净、工具摆放整齐	10	

实训四　刮凉粉

【导入】

刮凉粉是一道小吃，由凉粉调制，主要调料有酱油、麻油、香油、葱等，根据地域和个人喜好的不同，可以辅以生姜末、食用醋、干辣椒粉（或酸辣椒酱）。在湖南地区主要为春夏秋时节的大众小吃。

【工具】

盆，碗，锅，凉粉刮子。

【原料】

绿豆淀粉500克，麻油15克，酱油3克，油辣子10克，醋10克，蒜20克，味精2克，食盐3克等。

【制作过程】

（1）取适量绿豆淀粉用凉开水化开，调制成糊状待用。

（2）取适量清水置于锅中烧开，把调制好的糊倒入锅中，搅拌变稠，倒入干净的大盆中，晾凉呈晶莹的冻状后，反扣到案板上待用。

（3）取专用的凉粉刮子，沿着凉粉冻顶面刮出凉粉条待用。

（4）将麻油、油辣子、酱油、醋、蒜末、味精、食盐等配料依次放置到刮好的凉粉条上拌匀，即成。

【制作关键】

（1）调制淀粉糊时，要搅拌均匀，最好提前过筛。

（2）刮制凉粉时，力道均匀，不可过重、过轻。

【成品标准】

色泽红亮，酸辣爽口。

刮凉粉评分表			
项次	项目及技术要求	配分	得分
1	器具清洁干净、个人卫生达标	10	
2	凉粉粗胚晶莹剔透，没有杂质	20	
3	香辣可口，咸辣适中	30	
4	粉条大小均匀，不断条	30	
5	卫生打扫干净、工具摆放整齐	10	

实训五　茅市烧饼

【导入】

　　茅市烧饼是衡阳地区享有盛名的传统小吃。烧饼在衡阳茅市镇已有一百多年的历史，逢年过节或是红喜事，送烧饼是传统的习俗。烧饼外皮脆甜馅薄，以其皮酥、清晰多层、味道香浓酥软、入口即融、馅心冰甜而闻名，其口味松、香、酥、软而备受人们喜爱，也是湖南特产中衡阳市地区火爆的特色传统小吃之一。

【工具】

　　案板，面刮板，擀面杖，烤炉，火钳。

【原料】

　　小麦面粉500克，白糖400克，猪油100克。

【制作过程】

　　（1）取400克小麦面粉置于案板上，用刮面板开窝，倒入清水，混匀后揉搓成长条，分割成25克／个的剂子。

　　（2）取100克面粉、400克白糖、100克猪油混匀制成糖条馅心。

　　（3）将剂子捏成窝状，再取25克糖条馅心包入面团中，揉搓均匀，稍按压后擀成薄饼待用。

（4）薄饼上洒上少许清水，贴到烤炉内壁上，烤制3分钟用火钳取出即成。

【制作关键】

（1）烤制过程中掌握好火候。

（2）烤制前洒少许清水，使烧饼贴紧烤炉内壁。

【成品标准】

色泽金黄，层次分明，香甜酥软。

茅市烧饼评分表			
项次	项目及技术要求	配分	得分
1	器具清洁干净、个人卫生达标	10	
2	烧饼皮酥、清晰多层	20	
3	烧饼大小、薄厚均一	30	
4	烤制火候适当，无焦糊	30	
5	卫生打扫干净、工具摆放整齐	10	

实训六　郴州米饺

【导入】

相传秦始皇征发50万大军戍守五岭时所筑的90里古驿道是"中国最早的国道"，已有1000多年的历史。随着驿道的开通，当时的军事要塞逐渐成为"通楚粤之要塞，扼湖广之咽喉"，随着客商及文人骚客的往来，使得一路的客栈茶铺兴隆，就有了郴州米饺，极大地带动了郴州的特色饮食。

现在郴州老城区的古街道：正一街、裕后街，就是当年通往古道的必经之路，也是郴州米饺的发源地。当年往来于驿道的客商给正一街、裕后街的米饺铺带来了兴旺的生意，使米饺铺遍布老郴州城的"九街十八巷"，形成了郴州特色的米饺饮食文化。

【工具】

铁锅，铁勺，白布袋，面刮板，中碗，漏勺，刀，砧板等。

【原料】

大米500克，鲜夹心肉125克，老抽1克，生抽2克，香葱10克，食盐2克，鸡精1克，胡椒粉0.5克，麻油3克。

【制作过程】

（1）大米淘洗干净，用水浸泡两个小时至手能捏成粉末时磨浆，并用白布袋盛装榨干水分。取1/5的湿米粉团煮熟，与生米粉揉合成团复又煮熟，再继续与未煮的米粉揉合并煮熟。一般通过两次煮揉，米粉就能全部揉成团，摊开冷却。

（2）将肉剁成肉末状，加盐稍腌，加水搅拌上劲，放鸡精、生抽、老抽、胡椒粉、麻油和葱花拌匀成馅。

（3）将熟粉团复揉上劲，搓成小条切剂，捏成圆皮放馅，包成半月形。

（4）将水烧开，生坯米饺下锅，用勺轻轻从锅底搅动上盖，待米饺上浮后，点水二次即熟，连汤带饺用碗盛装。

【制作关键】

（1）面团要揉透，反复揉至光滑。

（2）加水要适量，并分次加入。

（3）掌握煮制的时间和方法。

【成品标准】

柔滑有劲，馅鲜汁多，风味独特。

郴州米饺评分表			
项次	项目及技术要求	配分	得分
1	器具清洁干净、个人卫生达标	10	
2	米饺大小一致	20	
3	口感柔滑，馅鲜汁多	30	
4	色泽洁白，外型精美	30	
5	卫生打扫干净、工具摆放整齐	10	

实训七 桂阳饺粑

【导入】

桂阳素有"千年古郡"之称，桂阳饺粑历史悠久，溯源可至先秦，距今有千余年历史。饺粑是桂阳的特产，也是桂阳人特有的叫法。桂阳饺粑以其晶莹剔透的靓色泽、皮薄馅多的高质量、香喷诱人的新口味、形如半月的好寓意而闻名。随着社会的发展，桂阳饺粑也在不断的创新之中，呈现出面皮多样化、馅心多口味的多种做法，有绿色的艾叶面饺粑、紫色的紫薯面饺粑、红色的高粱面饺粑、黄色的玉米面饺粑，从馅心上来分有干笋、鲜肉、腊肉、萝卜干、豆沙、芝麻等。

桂阳饺粑的显著特色是个大、馅多、皮薄，在2020年湖南米粉大擂台上，桂阳饺粑亮相省会长沙，在湖南九所宾馆现场火热售卖，得到一致好评。桂阳全义村的饺粑最为有名，全义村有"饺粑村"之美誉。

【工具】

锅，蒸笼，案板等。

【原料】

籼米粉500克，茶油30克，猪五花肉250克，葱100克，盐3克、味精2克、生抽5克。

【制作过程】

（1）取用开水250克分次掺入米粉中，将米粉搅匀，揉成光滑面团。

（2）将猪肉剁成肉泥，加入葱花、盐、味精、生抽搅拌均匀，加水50克顺时针搅拌上劲。

（3）将面团下成12个等大剂子，手掌涂抹茶油，压成约10 cm圆饼状，包入调制好的馅料，捏成饺子状。

（4）将包好的饺子上笼蒸10分钟，装盘即可。

【制作关键】

（1）调制面团时要注意分次掺水，面团软硬适度，太湿无法成形，太干会开裂。

（2）调制馅料时要适量掺水搅拌，成品才会饱含汁液。

【成品标准】

米香浓郁，色泽晶莹，软糯弹牙。

桂阳饺粑评分表			
项次	项目及技术要求	配分	得分
1	器具清洁干净、个人卫生达标	10	
2	饺粑大小一致	20	
3	米香浓郁，汁液饱满	30	
4	色泽晶莹，口感软糯	30	
5	卫生打扫干净、工具摆放整齐	10	

实训八 桂东黄糍粑

【导入】

桂东黄糍粑为桂东独特风味食品。每逢过年过节，桂东人家家户户都要做黄糍粑。在湖南桂东过年，如果缺少了黄糍粑，那就不是真正意义上的过年，因为家乡话"糍"和"齐"同音，而"齐"有"全"的意思，象征着一家人团团圆圆。每逢过年，家家户户的餐桌上第一道上桌的必是黄糍粑。新年走亲访友时，带上几条"糍首"和几个"糍印"，既表吉利喜庆也可分享手艺，人们乐于品谈和赞美，表达出桂东人的热情好客和淳朴民风。

【工具】

箩筐，棕或布，锅，布袋，石磨，蒸笼。

【原料】

籼米 500 克，糯米 250 克，槐花 0.75 克，黄泥柴。

【制作过程】

（1）黄泥柴灌木趁新鲜烧成灰（不可烧得过透，也不能不烧化），在一只箩筐内垫上棕或布后将灰装到里面，烧好一大锅开水，把灰筐架到锅上将开水反复地往灰上淋，滤出来的溶液就是碱水了。同时，按米 0.05% ~ 0.1% 的量放入槐花，熬成溶液过滤，趁两种溶液都还在沸腾时将它们混合到一起搅匀。

（2）将籼米和糯米按 2：1 的比例配好后用水充分浸泡，膨胀后反复搓洗，直到水清为止，滤干后再用碱水浸泡一昼夜。

（3）将用碱水浸泡的米磨成浆后再用布袋吊起来滤干。

（4）将吊干的米浆扒开成 20 克左右的小团，放到蒸笼里急火蒸熟，蒸好后趁热充分捣烂（动作要快，凉了就捣不烂了），然后使劲地搓，使之结合成为整体。

（5）将其擀成厚片，用刀切成条状，分散晾至表面干硬（防止互相粘到一起），再用碱水浸泡起来即可。

【制作关键】

（1）制作碱水时，灶里要保持大火，边烧边淋。

（2）糯米多则软，反之则硬。

（3）蒸制火候是宁过勿缺。

（4）保存时，注意及时浸泡碱水，否则易开裂。

【成品标准】

色泽金黄，酥脆甜香。

桂东黄糍粑评分表			
项次	项目及技术要求	配分	得分
1	器具清洁干净、个人卫生达标	10	
2	切成均匀长条	20	
3	色泽金黄	30	
4	口感酥脆甜香	30	
5	卫生打扫干净、工具摆放整齐	10	

实训九　汝城大禾米糍

【导入】

汝城大禾米糍，其色泽金黄透亮，口感柔韧香滑，又称黄糍粑。汝城、桂东两县1959年合并为汝桂县，1961年恢复两县建制，所以郴州黄糍粑公认以汝城、桂东最为有名。汝城大禾米糍起源于唐朝，兴盛于明朝，早在明朝正德年间就已列为贡品进入皇宫。其选用汝城一带山区的粳籼稻——大禾米为主要原料，制作工艺十分复杂，食用方法多样，是当地人送礼待客的佳品。2018年，汝城大禾米糍被列入第五批郴州市级非物质文化遗产保护项目。

【工具】

木甑，木盆，木桶，锅，锅铲，石臼，木棒，案板。

【原料】

汝城大禾米1000克，槐花100克，黄栀子100克，红糖，芝麻。

【制作过程】

（1）摘取黄金柴（高山上的一种常绿灌木）烧成灰，用水煮沸过滤，澄清制成碱水。将槐花、黄栀子放入锅中煮开至颜色出来后过滤留水备用。

（2）精选大禾米浸泡8个小时，捞起滤干，上甑蒸熟。

（3）将蒸熟的米饭倒入大木盆后再倒入碱水。加入槐花、黄栀子水反复搅拌至米饭均匀上色，然后摊开晾凉。

（4）将上好色的米饭再次装入木甑蒸至软烂不粘手，取出倒入石臼反复舂捣至形成团状。

（5）将捣好的米团置于案板，用手反复揉搓成圆柱体，用刀切成厚约6厘米的饼状，用手整理成型，晾干即成。

（6）将制作好的大禾米糍切成条状，在锅中放适量水，将大禾米糍煮软，加入红糖，撒上芝麻出锅即成。

【制作关键】

（1）碱水为本地特有材料，能形成米糍的独特风味，且不能与酒、醋等接触。

（2）槐花、黄栀子是天然色素，是决定大禾米糍金黄色泽的关键。

（3）石臼中反复舂捣需特定的工具和多人协作完成。

【成品标准】

色泽金黄，口感软糯，Q弹不粘牙。

汝城大禾米糍评分表			
项次	项目及技术要求	配分	得分
1	器具清洁干净、个人卫生达标	10	
2	姊妹团子大小一致	20	
3	柔软滑润，口感Q弹	30	
4	色泽金黄，外型精美	30	
5	卫生打扫干净、工具摆放整齐	10	

实训十　永州油炸粑粑

【导入】

永州油炸粑粑是让人永葆童心、铭记乡情的特色传统美食小吃。据民间传说，永州的油炸粑粑起源于唐朝末年，距今至少已有1100年的历史。虽然与道县玉蟾岩遗址出土的全世界已知最早的人工栽培稻标本没有直接关系，但永州玉蟾岩作为全球的"稻作之源"，对稻米的加工和利用，始终走在前面却是不假。如今的永州，不论是南六县还是北五县，对油炸粑粑都情有独钟，据报道，东安县油炒粑粑连续五年居全国销量冠军，一年卖出十几亿串，连起来可以绕地球五圈。

【工具】

案板，锅，漏勺，盆，竹签。

【原料】

糯米粉1000克，水900克，淀粉200克，白糖200克，芝麻500克，茶油1500克。

【制作过程】

（1）在糯米粉中加适量的水、淀粉、白糖，揉成团状。

（2）将揉好的糯米粉分成大小相等的份，然后用手逐个搓成汤圆状，在芝麻里滚一圈，使外面包着一层芝麻即可。

（3）在锅中倒入茶油，油烧热后将做成的粑粑半成品放入锅中，然后慢慢将火调大，直至将油烧沸，随时注意翻滚在炸的粑粑，大火炸至浅黄色即可关火，再用油的余温泡一下，使之捞出后呈金黄色，出锅后撒上芝麻。

（4）沥干油后用竹签将小个的空心粑粑串成串即可。

【制作关键】

（1）油炸时，要文武火结合，全用文火炸出的粑粑干瘪生硬，全用武火炸出的粑粑则外焦而内不熟。

（2）油炸时，随时注意翻滚正在炸制的粑粑。

【成品标准】

外酥内软，油而不腻，咀嚼有味，口齿生香，色香味俱全。

永州油炸粑粑评分表			
项次	项目及技术要求	配分	得分
1	器具清洁干净、个人卫生达标	10	
2	大小一致	20	
3	外酥内软	30	
4	油而不腻，咀嚼有味，色香味俱全	30	
5	卫生打扫干净、工具摆放整齐	10	

实训十一　蓝山粑粑油茶

【导入】

粑粑油茶是蓝山特有的传统名点，以辣、香、甜、脆、味美著名。油茶落肚，发汗驱寒，能促进血液循环，有益于健身防病。蓝山人喝油茶，几百年来已相沿成习。节日喜庆，招待宾客，人们都要制作油茶。据民间传说，春节早上吃了油茶，一年之中可以驱瘴消灾，大吉大利。

【工具】

锅，漏勺，碗。

【原料】

粑粑 10 ~ 12 个，炒熟的花生米 15 克、黄豆 15 克、冻米 10 克，油茶姜汤 200 克，葱花 5 克。

【制作过程】

（1）粑粑系用本地产的优质糯米制作，油炸成鸽蛋大小，每碗盛 10 ~ 12 个，配以炒熟的花生米、黄豆、冻米等，面上稍撒点葱花。

（2）将滚开的油茶姜汤（汤中放有生姜、红糖和茶叶）冲入碗中。

【制作关键】

（1）油茶汤要用滚开的。

（2）配料适当。

【成品标准】

辣甜松脆，香气四溢。

蓝山粑粑油茶评分表			
项次	项目及技术要求	配分	得分
1	器具清洁干净、个人卫生达标	10	
2	配料适当	30	
3	辣甜松脆，香气四溢	50	
4	卫生打扫干净、工具摆放整齐	10	

【拓展知识】

油茶姜汤是蓝山粑粑油茶的灵魂，其汤体浓绿、茶香味浓，又弥漫着生姜和红糖的清香，可谓是百味杂陈，赛若珍馐。油茶姜汤一般选用当地优质生姜、秘制红糖和上乘茶叶为原料，经过碾压、熬煮、滤筛等工序精制而成，具有发散风寒、温中行水、清热解毒、健脾开胃助消化等功效，可以抵卸寒气湿气的侵袭。

实训十二 宁远肉馅豆腐

【导入】

宁远肉馅豆腐有着几百年的悠久历史,《零陵地区志》和《宁远县志》上都有记载。当地还流传着这么一个故事:1857年,翼王石达开被迫出走,途经永州市宁远县,当部队行进到阻山口时,遭遇宁远县地方武装的伏击。虽然通过激战,石军打退了伏兵,但却元气大伤。石达开以酿豆腐慰劳士兵,士气大振,并一路突围。宁远酿豆腐也因此而名声大噪。

【工具】

锅,刀。

【原料】

豆腐250克,五花肉250克,红辣椒15克,蒜子10克,食盐3克,去皮荸荠25克,豆豉水5克,水淀粉5克,茶油。

【制作过程】

(1)首先做好水豆腐,然后用茶油炸成大小匀称、色黄、有韧性、中间空心的泡豆腐。

(2)将五花肉、蒜子、红辣椒和去皮的荸荠等佐料一起剁碎,加食盐调制成馅。将馅塞进泡豆腐里,制作生豆腐丸子。

(3)将生豆腐丸子放入锅内煮,煮时火要大,水要适量,一直煮到豆腐表皮起一层层皱纹，汤刚好干，再放入豆豉水和水淀粉，就做成了味道鲜美的肉馅豆腐。

【制作关键】

（1）从泡豆腐的顶部切开，但不能切断。

（2）选用肥瘦适宜的五花肉。

（3）要加入适量的去皮荸荠。

【成品标准】

色泽金黄，味道鲜美，质地蓬松，油而不腻。

宁远肉馅豆腐评分表			
项次	项目及技术要求	配分	得分
1	器具清洁干净、个人卫生达标	10	
2	味道鲜美、质地蓬松，油而不腻	50	
3	色泽金黄，配色适宜	30	
4	卫生打扫干净、工具摆放整齐	10	

实训十三　柚皮红烧肉

【导入】

　　柚子营养价值很高，含有非常丰富的蛋白质、有机酸、维生素及钙、磷、镁、钠等人体必需的元素。现代医药学研究发现：柚皮中含有柚皮武和芦丁等黄酮类物质，具有抗氧化活性作用，可以降低血液的黏稠度，减少血栓的形成，对脑血栓、中风等脑血管疾病都有较好的预防作用，尤其适合中老年人食用。柚皮所含的丰富果胶，不仅美容养颜，还可预防动脉粥样硬化。中医认为：柚皮性温，味辛苦甘，有理气化痰、止咳平喘的作用，民间素有"柚皮鲶鱼盅，不咳管一冬"的说法，是治疗老年慢性咳喘及虚寒性痰喘的佳品。

【工具】

　　锅，砧板，勺子。

【原料】

　　柚子皮500克，五花肉350克，青、红椒20克，生抽6克，老抽3克，白糖30克，食盐5克，食用油75克。

【制作过程】

　　（1）柚子皮清洗干净，去掉外面的黄色皮，只留下白色的内层，切条，焯水，清水冲洗后挤干水分；青、红椒切片，五花肉切块，焯水过凉沥水备用。

　　（2）锅置旺火加入食用油加热至五成热下入白糖炒至有气泡出现呈焦糖色，下入五花肉煸炒，用食盐、生抽、老抽调味调色，加入适量汤汁旺火烧沸，改用中小火烧至熟透入味，下入柚子皮合烧至软烂，下入青、红椒片合烧片刻，出锅装盘即可。

【制作关键】

（1）五花肉宜选用五花三层的精品五花肉。

（2）柚子皮要处理干净，去除苦味。

【成品标准】

清香开胃，红亮软烂，肥而不腻。

柚皮红烧肉评分表			
项次	项目及技术要求	配分	得分
1	器具清洁干净、个人卫生达标	10	
2	清香开胃，红亮软烂	50	
3	咸鲜适口，肥而不腻	30	
4	卫生打扫干净、工具摆放整齐	10	

练习题

一、单选题

1.郴州米饺的馅心用（　　　）做馅心最好。

A.五花肉 　　　　　　B.前夹肉 　　　　　　C.坐臀肉

2.泡椒响螺片的成菜特点是（　　　）。

A.柔嫩清鲜，微麻辣 　　B.柔嫩清鲜，香辣 　　C.香辣可口，微辣

3.桂阳饺粑选用（　　　）做饺皮原料。

A.粳米 　　　　　　B.籼米 　　　　　　C.糯米 　　　D.晚稻米

4.刮凉粉选用（　　　）来制作。

A.玉米淀粉 　　　　　B.红薯淀粉 　　　　　C.绿豆淀粉 　　　D.澄粉

5.茅市烧饼属于（　　　）制品。

A.水调面团 　　　　　B.米类粉团 　　　　　C.膨松面团 　　　D.油酥面团

6. 下列（　　）与永州油炸粑粑毫无关联。

A. 永州特色传统美食小吃　　　　　B. 起源于唐朝末年

C. 一年卖出几十亿串　　　　　　　D. 加碱使其呈金黄色

7. 以下（　　）不是制作桂东黄糍粑的主要原料之一。

A. 籼米　　B. 糯米　　　C. 黄泥柴　　D. 澄粉

8.（　　）是衡阳著名的特色美食，距今已有千年的历史。是一种风味独特的药膳保健食品，多于夏季荷叶茂盛之时食用，不仅味道鲜美，而且还能够闻到荷叶的淡淡清香，令人心旷神怡。

A. 炸春卷　B. 渣江米粉　C. 荷叶包饭　D. 泡椒响螺片

9. 制作宁远肉馅豆腐时，下列没有用到的原料是（　　）。

A. 豆腐　　B. 香菇　　　C. 荸荠　　　D. 五花肉

10. 下列不属于湘南风味小吃的是（　　）。

A. 郴州米饺　　　　　　　B. 桂东黄糍粑

C. 剁椒鱼头　　　　　　　D. 油炸粑粑

二、判断题

1. 郴州米饺的蒸制时间不宜过长，不然容易变形。（　　）

2. 泡椒响螺片是一道传统的汉族名菜，属于川菜系。（　　）

3. 桂阳饺粑的显著特点是色泽洁白，形如满月，个大、馅多、皮薄。（　　）

4. 汝城大禾米糍的成品标准是色泽金黄，口感软糯，Q弹不粘牙。（　　）

5. 传统桂东黄糍粑是用黄色素进行染色的。（　　）

6. 制作刮凉粉需使用绿豆淀粉。（　　）

7. 制作蓝山粑粑油茶需使用油茶姜汤。（　　）

8. 油炸粑粑放入油锅后，不能让其翻滚，以免影响外形。（　　）

9. 柚皮红烧肉比较适合中老年人食用。（　　）

10. 粑粑油茶是蓝山特有的传统名点，以辣、香、甜、脆、味美著名。（　　）

三、思考题

1. 简述桂阳饺粑的制作过程。

2. 如何初处理响螺片？

3. 简述茅市烧饼的制作关键有哪些。

4. 如何让越来越多的人知道并喜欢桂东黄糍粑？

5. 请写出与永州油炸粑粑相似的另一道湖南传统名小吃，并分析有何区别。

项目五
湘西地区风味
小吃

任务一　湘西地区简介

　　湘西,即湖南西部地区,亦称湘西地区、大湘西,一般是对包括张家界市、湘西土家族苗族自治州、怀化市及邵阳市西部、常德市的一部分区域在内的整个湖南西部地区的统称。在这片广袤的大地上,山脉纵横,河网密布,著名的山脉有武陵山脉、雪峰山脉,著名的河流有沅水、澧水,占了湖南四大水系的两个水系。

　　湘西地区山同脉,水同源,民俗相近,旅游资源丰富,是承接东西部、连接长江和华南经济区的枢纽区,具有突出的区位特征和重要的战略地位。湘西地区以糍粑、芙蓉镇米豆腐、桐叶粑粑为代表的风味小吃而著名。

　　湘西土家族苗族自治州,是湖南省下辖自治州(地级行政区),首府驻吉首市,位于湖南省西北部,地处湘、鄂、黔、渝四省市交界处。湘西州历史悠久,文化灿烂,辖区内有首批国家历史文化名城凤凰县,2015 年入选首批国家全域旅游示范区,州内人文古迹众多,老司城及其周边有大量的自然及人文景观遗迹。湘西也是武陵文化的发源地之一,享受国家西部大开发计划政策，是单列的三个地级行政区中享受相关政策的地区之一，有"国家森林城市"荣誉称号。

张家界，原名大庸市，位于湖南西北部，澧水中上游，属武陵山区腹地。张家界因旅游建市，是中国最重要的旅游城市之一，是湘鄂渝黔革命根据地的发源地和中心区域。张家界国家森林公园是中国第一个国家森林公园和中国首批国家5A级旅游景区；张家界武陵源风景名胜区是国家重点风景名胜区；由张家界国家森林公园等三大景区构成的武陵源风景名胜区被联合国教科文组织列入《世界自然遗产名录》和全球首批《世界地质公园》；有"国家森林城市"荣誉称号。

怀化市，别称"鹤城"，古称"鹤州""五溪"，位于湖南省西部偏南，处于武陵山脉和雪峰山脉之间，区位条件独特，交通优势明显，是全国性综合交通枢纽城市，自古就有"黔滇门户""全楚咽喉"之称，是东中部地区通向大西南的桥头堡和国内重要交通枢纽城市，有"火车拖来的城市"之称。怀化市是湖南省面积最大的地级市，武陵山经济协作区中心城市。怀化市地处中亚热带川鄂湘黔气候区和江南气候区的过渡部位，境内四季分明，严寒酷暑期短。

任务二　湘西地区特色小吃

实训一　土家糍粑

【导入】

土家人素有"二十八，打粑粑"的说法。每逢春节来临，农历腊月末，家家都要打糯米糍粑。小糍粑做完后，由心灵手巧的妇女再做几个大糍粑，小则三五斤，大则十多斤。这叫"破笼粑"，象征"五谷丰登"，又显示土家人大方淳朴的民风。打糯米糍粑是一项劳动强度较大的体力活，一般都是晚辈的男子汉打，即两个人对站，先揉后打，即使冰雪天也能出一身汗。做糍粑很讲究，手沾蜂蜡或茶油先搓坨，后用手或木板压，要做得光滑、美观。

【工具】

木甑，盆，锅，石臼，大木槌，桌面，门板。

【原料】

糯米5千克，水，茶油，蜂蜡适量。

【制作过程】

（1）糯米浸泡一天以上，滤干水，置木甑里蒸熟。

（2）在茶油中放入黄色的蜂蜡，加热融化，涂抹在桌面、门板、石臼、木槌等用具的表面。

（3）把糯米放进石臼中，用丁字形的大木槌用力捶捣。糯米黏性很强，一般由两个强壮的男士一上一下地"打"，打木槌时要求"快、准、稳、狠"。

（4）糯米捣成泥以后，放在抹油的桌子上，趁热揪出拳头大的米团，压扁成饼，再用门板加重物压住，等糯米晾凉后即可成型。

【制作关键】

（1）掌握好糯米浸泡时间。

（2）蒸制时间不能过长。

（3）打木槌时要求"快、准、稳、狠"。

【成品标准】

色白，爽滑软糯，大小一致。

土家糍粑评分表			
项次	项目及技术要求	配分	得分
1	器具清洁干净、个人卫生达标	10	
2	糍粑大小一致	20	
3	爽滑软糯	30	
4	色白，形态规整	30	
5	卫生打扫干净、工具摆放整齐	10	

实训二 叶儿粑粑

【导入】

叶儿粑粑是张家界土家族传统特色美食,爽滑软糯,大小一致,口感咸香,腊味浓厚,馅料可以是甜的,也可以是咸的。做粑粑是张家界土家族一种很普遍的过年风俗,每到腊月,家家户户都会泡上糯米,用石磨推米浆,采摘猴栗叶,一片忙碌地做粑粑,迎新年。

【工具】

蒸笼,盆,布袋,锅,搅拌机。

【原料】

糯米 400 克,粳米 100 克,腊肉 300 克,豆腐干 150 克,蒜苗 50 克,猪油 20 克,猴栗叶 25 片。

【制作过程】

(1)猴栗叶洗净、沥干水分。

(2)面团制作:将糯米、粳米入冷水浸泡一晚上,磨成浆状,用布袋吊干水分,再揉和紧实成面团。

(3)馅料制作:腊肉洗净去皮,煮熟后切粒,豆腐干切粒,蒜苗切段,将腊肉、豆腐干用猪油炒熟，起锅前放入蒜苗，出锅冷却作馅料。

（4）将面团分成30克一个，稍微拍扁，里面加入20克馅料，包成圆形，放到猴栗叶上，将猴栗叶对折，扣上。

（5）热水上锅，蒸制8分钟左右。

【制作关键】

（1）面团的软硬度要控制好。

（2）调制馅心时，主辅料搭配得当。

（3）蒸制时间不能过长。

【成品标准】

色白，爽滑软糯，大小一致，口感咸香，腊味浓厚。

叶儿粑粑评分表			
项次	项目及技术要求	配分	得分
1	器具清洁干净、个人卫生达标	10	
2	粑粑大小一致	20	
3	爽滑软糯，口感咸香	30	
4	色白，腊味浓厚，外型规整	30	
5	卫生打扫干净、工具摆放整齐	10	

实训三　蜜制苦荞糕

【导入】

苦荞性平寒，味苦，是药食同源文化的典型体现，被誉为"五谷之王"，是三降食品（降血压，降血糖，降血脂）。苦荞糕的制作工艺复杂，搭配蜂蜜，吃起来松软香甜，略带苦味。

【工具】

蒸笼，盆，锅，瓦缸，磨粉机，磨浆机，模具。

【原料】

苦荞麦550克，大米100克，白糖200克，水750克，面肥50克，食用碱6克，蜂蜜200克。

【制作过程】

（1）将苦荞麦去壳磨成粉。

（2）大米提前浸泡一晚上，用磨浆机磨成米浆。

（3）将米浆、苦荞麦粉、面肥、水，一起搅拌均匀，放入瓦缸里发酵，发酵温度25℃，时间为8～10个小时。

（4）将食用碱用温热水化开，加入到面糊中，再加入白糖，搅拌均匀。

（5）模具内部刷油，将面糊倒入模具八成满，大火蒸20分钟左右，即可。

（6）取出，冷却，切成大小均匀的块状，装盘，蜂蜜装入味碟中，与苦荞糕搭配食用。

【制作关键】

（1）把握好米浆的浓稠度。

（2）掌握好发酵程度。

【成品标准】

黄褐色，味微苦，松软香甜，起发度好。

蜜制苦荞糕评分表			
项次	项目及技术要求	配分	得分
1	器具清洁干净、个人卫生达标	10	
2	苦荞糕厚薄一致	20	
3	入口味微苦，松软香甜	30	
4	色泽呈黄褐色，形态规整	30	
5	卫生打扫干净、工具摆放整齐	10	

实训四　桐叶粑粑

【导入】

桐叶粑粑，是流行于湖南西部的一道特色传统小吃，主要在春节与中秋节时吃，是逢年过节必备品。每到秋天，稻谷收割季节，土家人就用石磨将籼米、黄豆磨成浆，糯米冷水泡十几个小时后蒸熟冷却，加入米浆中拌匀，用土缸来发酵，饧发一定时间，再加入泡打粉，把夏天采摘的桐叶用冷水泡发后清洗干净，再包成型蒸熟。

【工具】

蒸笼，盆，锅，瓦缸，磨浆机。

【原料】

粳米500克，糯米50克，黄豆50克，泡打粉5克，水适量，桐叶。

【制作过程】

（1）将粳米、黄豆用水浸泡一晚上，用磨浆机磨成米浆。

（2）将糯米用冷水泡12个小时，蒸熟冷却。

（3）将蒸熟的糯米放入米浆中搅拌均匀，放至瓦缸里发酵一定时间，发至面糊呈现蜂窝状，放泡打粉饬发。

（4）将洗净的桐叶卷成漏斗状，将面糊倒入，顶端叠起，呈三角形，再翻过来放在蒸笼。

（5）热水上锅蒸20分钟左右。

【制作关键】

（1）把握好米浆的浓稠度。

（2）把握好糯米泡发时间和蒸制时间。

（3）掌握好发酵程度。

（4）把握好泡打粉的用量。

【成品标准】

色白，起发好，有弹性，叶香微酸，酒香味浓。

桐叶粑粑评分表			
项次	项目及技术要求	配分	得分
1	器具清洁干净、个人卫生达标	10	
2	粑粑大小一致	20	
3	叶香微酸，酒香味浓	30	
4	色白，起发好，有弹性，形态规整	30	
5	卫生打扫干净、工具摆放整齐	10	

实训五　门栓粑粑

【导入】

门栓粑粑是张家界土家族传统特色美食，黏软柔腻，香甜可口，馅料可以是甜的，也可以是咸的。做粑粑是张家界土家族一种很普遍的过年风俗，每到腊月，家家户户都会泡上糯米，用石磨推米浆，把夏天采摘的棕叶用冷水泡发后清洗干净，小村炊烟袅袅、舂锤声声，都在忙着做粑粑，迎新年。

【工具】

蒸笼，盆，布袋，锅，磨浆机。

【原料】

糯米 400 克，粳米 100 克，腊五花肉 400 克，大蒜 100 克，猪油适量，棕叶若干。

【制作过程】

（1）棕叶洗净、沥干水分，备用。

（2）面团制作：将糯米、粳米入冷水浸泡一晚上，磨成浆状，用布袋吊干水分，再揉和紧实成面团。

（3）馅料制作：腊五花肉洗净，切成丁，大蒜洗净，切成1厘米长的段，大火，锅中放适量猪油烧四成热，下入腊五花肉丁炒断生，再下入大蒜段炒出香味即可。

（4）将面团分成50克一个剂子，拍扁，里面加入30克馅料，包成方块状，放到十字形摆放的粽叶上，包成方块状。

（5）置入蒸笼，旺火蒸制8-10分钟，出锅即可。

【制作关键】

（1）面团的软硬度控制好。

（2）蒸制时间不能过长。

（3）糯米和粳米比例得当。

【成品标准】

色白，爽滑软糯，大小一致，棕香味浓。

	门栓粑粑评分表		
项次	项目及技术要求	配分	得分
1	器具清洁干净、个人卫生达标	10	
2	粑粑大小一致	20	
3	爽滑软糯，咸味适中	30	
4	色白，棕香味浓，形态规整	30	
5	卫生打扫干净、工具摆放整齐	10	

实训六 沅陵酥糖

【导入】

　　沅陵酥糖是沅陵县的传统食品。相传自明朝中叶开始，有500多年的历史，最有名的是龙兴牌酥糖（1982年8月前称沅陵酥糖）。它以当地出产的芝麻为主要原料，加拌饴糖、榴花粗糖、花生油、面粉精制而成，具有香、甜、酥、脆的特点，营养丰富，且有润肺和助消化等功效。沅陵龙兴酥糖的制作独具一格，其精美之处在于馅子的制作上。现在沅陵龙兴酥糖的年产量不断增多，产品畅销全国各地，深受广大顾客的欢迎。沅陵酥糖自1982年以来连续三次获湖南省优质产品奖。1988年12月，龙兴酥糖获首届中国食品博览会银牌奖，誉为全国名优产品。

【工具】

　　锅，勺，方形模具，走槌，硅胶手套。

【原料】

　　麦芽糖400克，白糖（榴花粗糖）300克，熟面粉300克，芝麻400克，花生油50克。

【制作过程】

　　（1）芝麻用水浸湿、洗净、去壳，用锅把芝麻焙干炒熟（炒熟的芝麻呈银白色，颗粒膨胀，用手指一捻即成粉末）。

（2）锅内加入花生油，加热至5-6成热，下入白糖用手勺不停搅拌直至完全熔化，下入麦芽糖、熟芝麻，搅拌均匀倒在木案板上，待温度稍降用两手不停撕扯、折叠，直至糖团发白变稠，放入方形模具内，用走槌擀干，晾凉取出即可。

【制作关键】

（1）芝麻加工时，应先用水浸泡，再清洗去壳，烘烤时注意火候。

（2）炒制白糖时，控制好火候，避免温度过高发生焦糖化反应。

（3）手撕糖团时，注意两手用力均匀。

【成品标准】

色呈白色，口感香甜酥脆。

沅陵酥糖评分表			
项次	项目及技术要求	配分	得分
1	器具清洁干净、个人卫生达标	10	
2	酥糖大小一致	20	
3	口感香甜酥脆	30	
4	色白，形态规整	30	
5	卫生打扫干净、工具摆放整齐	10	

实训七　藕心香糖

【导入】

藕心香糖原名"薄荷酥"，产于芷江。清朝末年开始生产，距今已有100多年历史。以上等白糖为主料，植物油、奶油等为辅料制成。制作精细，工艺独特，造型精巧，色白如玉，内如藕心，每根有16个主孔、9个副孔，孔孔贯通，排列整齐，每千克约80根。具有松酥香甜、落口即溶、解暑提神、携带方便等特点，深受消费者欢迎。

【工具】

高压锅，盆，牙签，筷子，桌面，砧板。

【原料】

藕700克，白糖50克，植物油10克，奶油20克，糯米200克。

【制作过程】

（1）将藕、糯米洗干净备用。（糯米要提前泡好，最好是前一天晚上就用水泡着），把洗干净的藕，用刀沿藕节边切断，一截做盖。

（2）糯米拌匀塞进藕节的孔里，塞满。边放边用筷子向里塞紧，做盖子的那截有空隙也塞满。塞完后，用牙签将藕节的两截固定在一起。（多插几根牙签将两端固定牢一点）

没有牙签的可以找干净的线将两截缠在一起。

（3）将水加入锅中，再依次加入白糖、奶油、植物油。最后将做好的藕放入锅中煮，大火烧开后改小火慢熬。在锅里最少要煮半个小时，也可以用高压锅煮20分钟。

（4）煮好以后出锅，晾凉后切片装盘。

【制作关键】

（1）糯米浸泡足够时间。

（2）藕节孔里要求不留空隙。

（3）煮制火候的控制。

（4）切片要大小均匀一致。

【成品标准】

色白，软糯香甜，大小一致。

藕心香糖评分表

项次	项目及技术要求	配分	得分
1	器具清洁干净、个人卫生达标	10	
2	藕心大小一致	20	
3	软糯香甜	30	
4	色白，形态规整	30	
5	卫生打扫干净、工具摆放整齐	10	

实训八　血豆腐

【导入】

血豆腐是湘西民间春节期间的一种常用食品。血豆腐兼有豆腐和肉的香味,制作简单,食用方便,美味可口,深受人们喜爱。血豆腐的吃法很多,如煮熟切片吃、烫火锅吃、炒青蒜苗吃,各有风味,令人口齿留香。

【工具】

竹筛子,烤架,盆子,刀。

【原料】

猪血150克,豆腐500克,肥肉50克,花椒粉10克,辣椒粉10克,食盐10克。

【制作过程】

(1)新鲜猪血、豆腐、肥肉切成丁,不用太细。

(2)将猪血、豆腐、肥肉丁一起倒入盆内,撒入花椒粉、食盐、辣椒粉,揉捏均匀。

(3)将揉好的豆腐泥做成直径10厘米的球,放在竹筛子内,均匀放置,待放置略干时候就可以拿到炕上熏烤,大概需要两个星期左右。

(4)将血豆腐洗净,可蒸可煮,可切成片也可切条。

【制作关键】

（1）肥肉的打制程度。

（2）调制口味恰当。

（3）熏烤火候控制。

（4）切剂厚度均匀一致。

【成品标准】

色泽暗红，咸鲜可口，大小一致。

项次	项目及技术要求	配分	得分
血豆腐评分表			
1	器具清洁干净、个人卫生达标	10	
2	成品大小一致	20	
3	咸鲜适口	30	
4	色泽暗红，形态规整	30	
5	卫生打扫干净、工具摆放整齐	10	

实训九　酸汤豆腐

【导入】

　　酸汤豆腐一般指酸汤点豆腐，豆腐是最常见的豆制品，又称水豆腐。主要的生产过程一是制浆，即将大豆制成豆浆；二是凝固成形，即豆浆在热与凝固剂的共同作用下凝固成含有大量水分的凝胶体，即豆腐。豆腐是我国素食菜肴的主要原料，被人们誉为"植物肉"。豆腐可以常年生产，不受季节限制，因此在蔬菜生产淡季，可以调剂菜肴品种。酸汤豆腐的主要特色在于使用黄浆水作为卤。

【工具】

　　烤架，竹篮子，湿布，碗，铁灶，竹片，盆，锅，桌。

【原料】

　　酸汤豆腐 500 克，折耳根 150 克，野葱 100 克，生姜 10 克，苦蒜 10 克，食盐 10 克，酱油 5 克，麻油 3 克，木姜子油 3 克，花椒粉 5 克，糊辣椒粉 5 克，碱水适量。

【制作过程】

　　（1）将豆腐切成 5 厘米宽、7 厘米长、3 厘米厚的长方块，用碱水浸泡一下，拿出放在竹篮子里，用湿布盖起发酵 12 个小时以上。

　　（2）再将折耳根、苦蒜切碎，装入碗中加酱油、麻油、花椒粉、糊辣椒粉、姜米、葱花、木姜子油拌匀成佐料待用。

　　（3）将发酵好的豆腐排放在木炭渣铁灶上烘烤，烤至豆腐两面皮黄内嫩、松泡鼓胀后用竹片划破侧面成口，舀入拌好的佐料即成。

【制作关键】

（1）豆腐切制要求大小均匀。

（2）豆腐发酵时间不能过长。

（3）控制烤制火候。

（4）口味控制恰当。

【成品标准】

表面微黄，滑嫩香辣。

酸汤豆腐评分表			
项次	项目及技术要求	配分	得分
1	器具清洁干净、个人卫生达标	10	
2	成品大小一致	20	
3	滑嫩香辣	30	
4	色微黄，形态规整	30	
5	卫生打扫干净、工具摆放整齐	10	

实训十　新晃锅巴粉

【导入】

新晃锅巴粉是湖南省怀化市新晃县的特产。新晃锅巴粉口感紧实，有大米、青菜、绿豆、分葱、蒜叶、萝卜叶等特有的清香味，营养健康无添加剂等。锅巴粉是湖南新晃县地区的特色小吃。主要由特殊的大米（配有绿豆、花生、生菜等配料）作成，呈薄纸状，绿色，切成长条状后煮食。食用时需配上各个区域独家制成的佐料，也可以搭配平时煮面条用的佐料和调料。味道鲜美而毫不滞腻，可以将汤水和佐料吸入粉内，增加口感。

锅巴粉是新晃人早、午、晚餐必备的主食餐。一般锅巴粉以汤粉为食，只有少数的人家会以炒锅巴粉为食。炒锅巴粉的味道与汤锅巴粉的味道区别很大，因为炒锅巴粉主吸油，汤锅巴粉主吸水。因制作的成品跟自家用锅做饭时蒸出的锅巴过程相似,故名曰"锅巴粉"。

【工具】

石磨，锅，竹竿，碗，菜刀，砧板。

【原料】

绿豆150克，糯米150克，大米200克，酸菜100克，猪肉100克，木耳菜100克，葱15克，姜15克，蒜子15克，盐5克，味精3克，生抽5克。

【制作过程】

（1）将绿豆浸泡去皮后,将绿豆、糯米及大米按照3∶3∶4的比例浸泡10～12个小时。

（2）将这三种原料混合，用石磨或料理机磨成浆。

（3）用小火将锅烧烫后，再用刷子蘸油抹在锅周围，舀一勺浆汁均匀地摊在锅面上烙成锅盖形的豆皮。揭下后在竹竿上稍加冷却，折叠成扁筒状，切成筷子宽的条。

（4）制酸汤，酸菜洗净切短条，猪肉剁成末，葱切细，蒜子切成片，姜切丝。炒干酸菜的水分，再放少许油炒，盛盘待用；把肉末先爆炒出香味，加盐、生抽炒匀盛盘；锅里留油，姜丝、大蒜片爆炒出香味，倒入酸菜和高汤煮开，放盐和味精，最后把木耳菜放进水里烫熟。

（5）锅巴粉放进大碗里，加入木耳菜、肉末，撒上香葱，最后倒入煮好的酸汤即可。

【制作关键】

（1）掌握好绿豆、糯米、大米浸泡的时间。

（2）掌握好烙豆皮的火候和刷油量。

（3）切制豆皮大小一致。

【成品标准】

色偏淡绿，口感紧实，宽厚一致。

新晃锅巴粉评分表			
项次	项目及技术要求	配分	得分
1	器具清洁干净、个人卫生达标	10	
2	成品宽、厚一致	20	
3	口感紧实	30	
4	色淡绿，形态规整	30	
5	卫生打扫干净、工具摆放整齐	10	

实训十一 秤砣粑

【导入】

秤砣粑，因外观像秤砣，故名秤砣粑。秤砣粑是湖南保靖县各族人民爱吃的一道小吃，用糯米和黏米磨成或舂成，如果用品红、品绿在顶上点上红点、绿点，会显得大方雅致。秤砣粑有空心和包馅两种。空心的不包任何馅子，只有下面做一空孔。包馅的花样很多，有的包绿豆拌糖，有的把黄豆炒香磨成粉包心，有的用芝麻拌糖包心，还有用腊肉、香肠包心的，包心不同，口味也各异。

【工具】

盆，磨浆机（或石磨），锅，勺，布袋，蒸笼等。

【原料】

糯米250克，黏米250克，水适量。

【制作过程】

（1）糯米和黏米各半，和匀（调整糯米和黏米的配料比例，可改变粑的糯性和软硬程度），洗去糠屑，放在清水中泡透，再用磨浆机（或石磨）磨成米浆。

（2）米浆装入布袋中吊干水分，再揉和紧实成面团。用磨浆机（或石磨）磨出的米浆做成的秤砣粑，吃起来细腻软和；用石碓舂成米粉做成的秤砣粑，虽吃起来粗但有香味。

（3）搓条、下挤，包捏做成秤砣模样上蒸笼蒸制成熟。

【制作关键】

（1）把握好米的浸泡时间。

（2）把握好米浆的含水量。

（3）把握好蒸制的时间和火候。

【成品标准】

油润光亮，色如白玉，软糯香甜。

秤砣粑评分表			
项次	项目及技术要求	配分	得分
1	器具清洁干净、个人卫生达标	10	
2	秤砣粑大小一致，形态规整	20	
3	软糯，香甜	30	
4	油润光亮，色如白玉	30	
5	卫生打扫干净、工具摆放整齐	10	

实训十二　芙蓉镇米豆腐

【导入】

米豆腐是湖南湘西土家族、苗族地区少数民族的一道传统小吃，且在夏天最受欢迎。米豆腐因电影《芙蓉镇》女主角胡玉音靠此经营为生而声名大噪。此菜润滑鲜嫩、酸辣可口。

【工具】

盆，磨浆机（或石磨），煮锅，水缸，勺等。

【原料】

籼米500克，黄豆100克，酸菜25克，酸辣椒25克，葱10克，大蒜15克，酱油5克，石灰10克。

【制作过程】

（1）将籼米和黄豆洗净浸泡，浸泡一天；石灰调成溶浆，让其自然澄清，取清水备用。

（2）单独将籼米和水、黄豆和水用磨浆机（或磨子）磨成米浆和豆浆，浆液浓度一般以浆水能从磨浆机上流下来为宜。

（3）将磨好的米浆和豆浆倒入锅中，先用大火煮沸，然后用小火慢熬，边煮边搅，同时加入石灰水使浆凝固成糊状。捞出冷却即成凝胶状米豆腐。

（4）食用时，切成薄片或粗条、方块放碗中，加入酱油、葱花、蒜末、酸辣椒、酸菜拌匀即可。

【制作关键】

（1）掌握好籼米和黄豆浸泡的时间。

（2）掌握好煮制的火候，先大火，后小火。

（3）掌握好加入石灰水的量和熬煮水量要适当。

（4）要勤搅拌，以免煮焦。

（5）要煮至全部熟透、不黏口。

【成品标准】

色泽金黄，柔嫩滑口，润滑鲜嫩，酸辣可口。

芙蓉镇米豆腐评分表			
项次	项目及技术要求	配分	得分
1	器具清洁干净、个人卫生达标	10	
2	米豆腐大小一致	20	
3	柔嫩滑口，润滑鲜嫩	30	
4	色泽金黄，形态规整	30	
5	卫生打扫干净、工具摆放整齐	10	

实训十三　会同糯米炮渣

【导入】

炮渣是会同的特色产品，过年过节，红白喜事，餐桌上都会有炮渣，食用起来酥脆，深受人们喜爱。

【工具】

盆子，锅，蒸笼，勺，漏勺等。

【原料】

糯米 1000 克，水，各色天然植物汁，植物油。

【制作过程】

（1）将糯米洗净，加入天然植物汁浸泡一天。

（2）将浸泡的糯米放入蒸笼，大火蒸制成熟，再做成直径 10 厘米的薄饼，晒干。

（3）锅中放植物油，烧三成热，将干糯米薄饼下入油锅中炸，膨胀即可出锅装盘。

【制作关键】

（1）把握好糯米浸泡时间。

（2）把握好蒸制的时间。

（3）把握好炸制时的油温。

（4）一定要晒干。

【成品标准】

色泽美观，香脆可口。

会同糯米炮渣评分表			
项次	项目及技术要求	配分	得分
1	器具清洁干净、个人卫生达标	10	
2	大小一致	20	
3	质地焦脆，香脆可口	30	
4	色泽美观，形态规整	30	
5	卫生打扫干净、工具摆放整齐	10	

实训十四 湘西泡菜

【导入】

湘西泡菜源于湘西民间，采用传统古法结合现代工艺，配以独特秘方精心泡制而成。此菜鲜嫩爽脆、色香味俱全，开胃提神，回味悠长，吃时拌上红油辣子和香粉就是人间美味。湘西泡菜有酸萝卜、酸甜萝卜、泡黄瓜、泡白菜、泡凤爪等几十个品种。

【工具】

盆子，坛子等。

【原料】

蔬菜1000克，泡椒50克，食盐50克，冰糖30克，香料适量，油辣子适量。

【制作过程】

（1）先把一个密封的大肚坛子洗干净，晾干水分，备用。

（2）取湘西山泉水放入坛中，加入盐、泡椒、香料等充分溶解。

（3）把蔬菜原料洗净改刀晾干后放入坛中，充分浸入泡菜水中。

（4）把泡菜坛盖好密封后，保持大约20℃。15天左右可成熟。

（5）取出泡菜，拌上湘西土家油辣子，装盘即成。

【制作关键】

（1）掌握老盐水的制作。

（2）原料必须洗净晾干。

（3）泡菜坛一定要盖好密封。

（4）控制好泡制时的温度。

（5）控制好泡制时间。

【成品标准】

鲜嫩爽脆，酸甜可口。

湘西泡菜评分表			
项次	项目及技术要求	配分	得分
1	器具清洁干净、个人卫生达标	10	
2	大小一致	20	
3	鲜嫩爽脆，酸甜可口	30	
4	形态规整	30	
5	卫生打扫干净、工具摆放整齐	10	

实训十五　灯盏窝

【导入】

灯盏窝俗称"油粑粑",是吉首人的特色早点。因其器皿与旧时桐油灯相似,故此得名。油炸时火候的控制很关键,小火容易把粑粑炸透,干瘪生硬,大火会让粑粑外焦而内不熟,因此需不断地翻滚油粑粑,待粑粑两面金黄捞出滤油降温即可食用。油粑粑酥脆的表皮下包裹着团团热气,暖香四溢,既能下菜煮着吃,也能热汤泡着吃。

【工具】

盆子,磨浆机(或石磨),锅,水缸,勺,筛子等。

【原料】

糯米300克,籼米100克,黄豆100克,辣椒粉30克,蒜苗200克,分葱50克,食盐10克,豆腐粒300克。

【制作过程】

(1)将糯米、籼米和黄豆洗净浸泡一天。

(2)将糯米、籼米、黄豆加水磨成浆,加入盐、辣椒粉、蒜苗丝,分葱丝、豆腐粒拌匀。

(3)油烧热,将调好的浆放入模具,进锅油炸,待粑粑脱离模具,模具就可以重新放浆再炸。

（4）待粑粑两面金黄捞出，滤油降温之后即可食用。

【制作关键】

（1）控制好米和黄豆浸泡的时间。

（2）控制磨浆时加入的水量。

（3）控制好炸制的时间。

（4）控制好炸制时的油温。

【成品标准】

色泽金黄，外酥脆，内软糯。

灯盏窝评分表

项次	项目及技术要求	配分	得分
1	器具清洁干净、个人卫生达标	10	
2	灯盏窝饱满一致	20	
3	外酥脆，内软糯	30	
4	色泽金黄，形态规整	30	
5	卫生打扫干净、工具摆放整齐	10	

练习题

一、单选题

1.制作土家糍粑的主要原料（　　　）。

A.糯米 　　　　　　　　B.粳米 　　　　　　　　C.籼米

2.包叶儿粑粑的叶子是（　　　）。

A.桐子叶 　　　　　　　B.猴栗叶 　　　　　　　C.柚子树叶

3.苦荞糕是（　　　）面团。

A.水调 　　　　　　　　B.发酵 　　　　　　　　C.油酥

4.门栓粑粑是用（　　　）浆。

A.糯米 　　　　　　　　B.粳米 　　　　　　　　C.糯米和粳米混合

5. 苦荞麦营养丰富，富含（　　　）。

A. 矿物质 　　　 B. 脂类 　　　 C. 蛋白质

6. 制作会同糯米炮渣，使用的天然色素有（　　　）。

A. 叶黄素 　　　 B. 柠檬黄 　　　 C. 胭脂红

7. 制作新晃锅巴粉，绿豆、糯米、大米的比例为（　　　）。

A. 3∶3∶4 　　 B. 1∶3∶2 　　 C. 2∶3∶4

8. 制作芙蓉镇米豆腐时，米浆和豆浆，用大火煮至（　　　）时转小火。

A. 浆热 　　　 B. 浆80° 　　　 C. 浆沸

9. 灯盏窝俗称（　　　）。

A. 糖粑粑 　　　 B. 油粑粑 　　　 C. 饵糕

10. 湘西泡菜，（　　　）天左右入味可食。

A. 15 　　　 B. 5 　　　 C. 30

11. 血豆腐的原料有猪血、豆腐和（　　　）。

A. 五花肉 　　　 B. 瘦肉 　　　 C. 肥肉

12. 叶儿粑粑是（　　　）传统特色美食。

A. 张家界土家族

B. 张家界苗族

C. 张家界白族

13. 桐叶粑粑叶香微（　　　）。

A. 苦 　　　 B. 酸 　　　 C. 甜

14. 沅陵酥糖采用的是（　　　）。

A. 饴糖 　　　 B. 蔗糖 　　　 C. 麦芽糖

15. 秤砣粑馅料口味为（　　　）。

A. 甜馅 　　　 B. 咸馅 　　　 C. 咸甜皆可

二、判断题

1. 湘西泡菜鲜嫩爽脆、酸甜、酸辣可口。（　　　）

2. 制作灯盏窝,原料不需提前浸泡。(　　)

3. 桐叶粑粑主要在清明时节食用。(　　)

4. 制作糍粑,打木槌要求"快、准、稳、狠"。(　　)

5. 苦荞糕搭配蜂蜜食用,口味更佳。(　　)

6. 藕心香糖,产于张家界,清朝末年时开始生产,距今已有100多年历史。(　　)

7. 会同糯米炮渣采用先蒸后炸的成熟方法。(　　)

8. 制作米豆腐时,需要使用碱水。(　　)

9. 沅陵酥糖具有营养丰富、润肺和助消化的功效。(　　)

10. 制作秤砣粑时,糯米和黏米的比例是1:2。(　　)

11. 湘西泡菜吃时宜拌上红油辣子和香粉。(　　)

12. 血豆腐是湘西民间春节期间一种常用的食品。(　　)

13. 制作新晃锅巴粉时,先小火将锅烧烫后,再用刷子蘸油抹在锅周围,舀一勺浆汁均匀地摊在锅面上烙成锅盖形的豆皮。(　　)

14. 酸汤豆腐使用黄浆水作为卤进行制作。(　　)

15. 制作叶儿粑粑面团时,将糯米和黏米直接磨成浆状,吊干水分,揉成面团。(　　)

三、思考题

1. 制作叶儿粑粑时会加适量猪油,加猪油的作用是什么?

2. 打糯米糍粑时的动作要求有哪些?

3. 苦荞糕如果出现成品偏绿黄色,是何种原因造成的?

4. 请归纳出沅陵酥糖的制作步骤并写出关键点。

5. 湘西地区为少数民族地区,有哪些富有民族特色的小吃?请说明它的制作方法和工艺。

项目六

大梅山地区风

味小吃

任务一　大梅山地区简介

　　"大梅山"是一个历史地域名称，地处湖南中部，历史悠久，范围以安化、新化两县为中心，扩展延伸至冷水江市及涟源市和新邵部分地区，大梅山饮食文化与烹饪文化是在独特的自然环境、生产方式、历史传统等多个因素综合作用下产生的。其中，新化菜是梅山地区菜系的代表，富含浓郁的乡土气息和地域特色，成为湖湘饮食文化中的重要分支。

　　大梅山地区遍布丰富的文化、物产资源，其中，梅山菜作为典型民间菜，以酸辣、杂烩、坛子秘酿、生吃等特色，形成了自己"和而不同，辣而不烈"的主要特点。不仅色、香、味、形俱全，选料新鲜、做法奇特，而且注重养生，极具本地特色。在食材上，就地取材，"野"味十足，如白溪水豆腐必须用金殿井的水制作，腊肉必须是当地的优质猪肉；在烹饪方式上，注重本色、实在，烹饪制作方法比较"土"，如"新化三大碗"、"涟源大碗合菜"等。

　　2006年，新化县举办了中国"湖南旅游节娄底梅山美食厨艺大赛"，梅山饮食开始崭露头角；2008 年，"新化三合汤"入选北京奥运会运动食谱。除此之外，梅山地区系列菜品如"十荤""十素""十饮"等也因其独特的口味、地道的食材、特殊的文化背景走进大众视野，知名度逐步提高，内在价值对湘菜的影响力日益凸显。

任务二　大梅山地区特色小吃

实训一　宝庆猪血丸子

【导入】

宝庆猪血丸子是宝庆的传统食品，始于清康熙年间，历代相传，距今已有几百年的历史。猪血丸子，含植物蛋白质和多种人体所需的氨基酸，咸淡适度，腊香可口，易于保藏，食用方便，具有鲜明的地方特色。

【工具】

盆，刀，锅，熏架。

【原料】

猪血200克，豆腐500克，五花肉100克，食盐5克，香油5克，辣椒粉20克，五香粉5克，香油3克，味精2克。

【制作过程】

（1）准备好所有原料，将豆腐晾干水分，将新鲜的五花肉剁碎，用盐腌制，盐要适量，不宜过咸。

（2）将晾干水分的豆腐放盐擦碎，并反复挤压至黏稠时，放入五花肉末和猪血调和均匀，放入香油、辣椒粉、五香粉、芝麻油、味精，直到完全融合起来即可。

（3）搅拌均匀后，分成块，然后用手掌拍打成椭圆形，形似馒头大小的丸子，做好后放到铺好枞树叶的篮子里面（或者放到熏架上），用柴火或炭火烘半个月即可。

【制作关键】

（1）猪肉一定要肥的多，瘦的太多会影响口感，吃起来发硬，没有弹性。

（2）在丸子表面裹上一层菜籽油（为了防止丸子在熏制过程中开裂）。

（3）熏制猪血丸子时需要掌握好火候，急火熏的会影响口感，火太小丸子容易坏掉。

【成品标准】

咸淡适度，腊香可口。

宝庆猪血丸子评分表			
项次	项目及技术要求	配分	得分
1	器具清洁干净、个人卫生达标	10	
2	丸子大小一致	20	
3	咸淡适度，腊香可口	30	
4	肉多爽滑，外焦里嫩	30	
5	卫生打扫干净、工具摆放整齐	10	

实训二　武冈米花

【导入】

　　武冈米花是湖南武冈经典的传统小吃之一，属于湘菜系。米花既是武冈的饮食文化，又是武冈的民俗文化，是武冈人过年和喜事临门时必不可少的食物，象征吉祥喜庆。它圆圆的形状如同"满月"，寓意日子圆满、事业圆满、样样圆满；通过油炸膨胀、发达，又有人发、财发、万事发达之意。

【工具】

　　隔板，篾垫，篾箍，盆，蒸笼。

【原料】

　　糯米500克，食品红3克，植物油1500克。

【制作过程】

　　（1）将糯米淘洗数次，放置清水中浸泡，直到发胀后，将糯米分成两半，其中一半拌上食品红，和另一半一并置于甑内（中间用隔板间隔开）蒸熟。

　　（2）然后取出摊在一个碗口大小的篾箍内，使之粘合平整均匀。

　　（3）每个米花约1厘米厚，由红、白两层组成，上层为红米饭。

　　（4）将做好的米花摆在篾垫或木板上，放在阳光下晒干。

　　（5）锅中放油烧至5成油温，放入米饼胚，炸至膨松香脆。

【制作关键】

（1）制作速度要快，糯米凉了就无法相粘。

（2）蒸糯米时，红米放下层，避免米粒落下染红白米。

（3）填压米饭的时候中间要稍薄点，这样日晒干燥时干得均匀。

【成品标准】

形状完整，颜色红白分明，口感松脆。

武冈米花评分表			
项次	项目及技术要求	配分	得分
1	器具清洁干净、个人卫生达标	10	
2	形状完整	20	
3	口感松脆	30	
4	色泽红白分明	30	
5	卫生打扫干净、工具摆放整齐	10	

【拓展知识】

晒好的米花有3种食用方法：①油炸米花；②泡米花油茶；③米花丸子。

实训三 武冈卤豆腐

【导入】

提到卤豆腐，人们首先想到的应该是武冈卤豆腐，它是富有浓郁地方特色的传统卤味制品。

【工具】

锅，漏勺，刀。

【原料】

大豆1000克，卤料（大茴、小茴、桂皮、枸杞等），石膏100克。

【制作过程】

（1）准备原料，选用新鲜大豆，卤料。

（2）将大豆用温水浸泡发胀后，把大豆和水按0.8∶1的比例磨成浆，用纱布过滤。

（3）把过滤好的浆用大火煮沸后持续再煮3～5分钟。

（4）冷却到70℃时加入石膏凝固。

（5）成型，呈长方形，长6厘米，宽4厘米左右，烘干。

（6）将烘干的豆腐放入卤锅中卤制，即成。

【制作关键】

烘干的温度不能过高，否则豆腐会开裂。

【成品标准】

黑里泛红，豆质亮人，风味独特，入口奇香。

武冈卤豆腐评分表			
项次	项目及技术要求	配分	得分
1	器具清洁干净、个人卫生达标	10	
2	表面有光泽，呈黄褐色	20	
3	风味独特，咸味适中	30	
4	组织致密、紧实	30	
5	卫生打扫干净、工具摆放整齐	10	

实训四　武冈卤铜鹅

【导入】

"武冈卤铜鹅"始于唐初，盛于明清，流传至今，已有1200余年历史。食用"武冈卤铜鹅"是民间婚丧嫁娶、逢年过节必备的一种独特风俗习惯。武冈铜鹅作为一种地方独有的畜禽品种，因喙、蹼呈黄色或青灰色似黄铜或青铜，其叫声似打铜锣之音而得名。武冈铜鹅喂养历史悠久，与宁乡猪、洞庭湘莲一起列为湖南"三宝"。早在清代就以"世之名鹅"之美誉被列为皇家贡品。

【工具】

刀，砧板，锅，卤缸。

【原料】

武冈铜鹅1只，卤料（大茴、小茴、桂皮、公丁、母丁、香叶、甘草、白子、陈皮、八角、白芷、关桂、千里香、草果等），猪骨1根，盐10克，味精5克，酱油20克。

【制作过程】

（1）将铜鹅宰杀，进行粗加工，脱毛净膛，处理内脏。

（2）将鹅、排骨分别焯水，沥水备用。

（3）锅中放入适量水，加入卤料、盐、味精、酱油、排骨烧沸。

（4）放入鹅卤制，至颜色呈红褐色，软烂入味捞出即可。

【制作关键】

（1）制作铜鹅速度要快，从宰杀到卤制不能超过3个小时，确保食品新鲜。

（2）卤制时卤汁应该全部淹没铜鹅。

【成品标准】

回味悠长，咸淡适中。

	武冈卤铜鹅评分表		
项次	项目及技术要求	配分	得分
1	器具清洁干净、个人卫生达标	10	
2	表面呈黄褐色，色泽一致	20	
3	口感香嫩，咸淡适中	30	
4	组织致密，个体周正	30	
5	卫生打扫干净、工具摆放整齐	10	

实训五 隆回麦芽糖

【导入】

邵阳特产隆回麦芽糖，在邵阳市隆回县，几乎每个乡镇都出产麦芽糖，在生产麦芽糖的乡村中以荷香桥镇最为有名。

【工具】

蒸笼，纱布，刀，锅。

【原料】

大麦 250 克，糯米 2600 克。

【制作过程】

（1）把大麦清洗干净，放在水中浸泡 24 个小时左右，捞出放在纱布上裹好，放置阴凉处，用物品隔住光线。一天洒水 2～3 次，4～6 天发芽，若温度高时间就稍短些，温度低时间稍长。

（2）将糯米浸泡 1 个小时左右，隔水蒸熟，比平时蒸的米饭稍软些，放凉至60℃，感觉到稍微有点烫就可以；然后把剁碎的麦芽放进去混合均匀，放温暖处发酵 8 个小时。

（3）发酵好后用干净的布袋装好过滤两遍，放入锅中用大火烧开，然后小火慢熬。熬制时要用勺子把上面漂浮的白色的物质撇掉，用勺子轻轻搅动，防止糊锅底，熬制色泽金黄透亮，用筷子尖沾下麦芽糖，可以拉出丝即可。

【制作关键】

（1）大麦选用带壳大麦。

（2）大麦发酵时间根据季节合理调控。

（3）熬制麦芽糖时要轻轻搅动。

【成品标准】

色泽金黄透亮，甜而不腻。

隆回麦芽糖评分表			
项次	项目及技术要求	配分	得分
1	器具清洁干净、个人卫生达标	10	
2	拉丝效果好，不糊锅	20	
3	口感清香，有糯米香味	30	
4	色泽金黄透亮，无杂质	30	
5	卫生打扫干净、工具摆放整齐	10	

实训六　武冈空饼

【导入】

邵阳市武冈特产空饼，又名福饼。中秋节吃空饼是武冈古老的习俗，已经有五六百年历史。在中秋节的晚上，人们要祭拜月神。空饼是武冈人烧柚香、敬月神中一种必不可少的贡品。武冈空饼全部以纯手工制作，作坊遍布城乡，其中以银记空饼最负盛名。武冈空饼在2017年武冈第三届美食节中被评为武冈十大名吃。

【工具】

烤箱，擀面杖，盆，搅拌器。

【原料】

面粉250克，麦芽糖360克，白糖220克，芝麻70克，熟芝麻16克，熟花生26克，熟核桃18克，熟米粉50克、陈皮10克、纯碱2克、苏打2克。

【制作过程】

（1）将面粉、麦芽糖、纯碱苏打混合加水擦揉制成饼皮。

（2）将熟花生、熟核桃、熟芝麻、陈皮混合搅打细碎，加入白糖、熟米粉拌匀制成饼馅。

（3）按规格将饼皮分成大小一致的面剂，包入馅心，底层粘上芝麻。

（4）把做好的饼胚上炉烘烤，烤成圆鼓鼓的馒头状，有股浓郁的麦芽香气飘逸而出即可出炉。

【制作关键】

（1）馅料的调制干湿适当。

（2）馅心在饼皮里要铺均匀，包合时要收紧。

（3）烘烤时要时刻盯着饼胚的变化，随时调节炉温。

【成品标准】

色泽淡黄，饼内空心，呈半球形。

武冈空饼评分表			
项次	项目及技术要求	配分	得分
1	器具清洁干净、个人卫生达标	10	
2	空饼大小一致	20	
3	饼内空心，馅心均匀粘贴饼皮	30	
4	色泽淡黄，外型美观	30	
5	卫生打扫干净、工具摆放整齐	10	

实训七　邵阳蒸蛋饺

【导入】

蛋饺，是以猪肉或牛羊肉为馅料，用蛋皮包成的饺子。

【工具】

蒸笼，刀，盆，搅拌器，锅。

【原料】

鸡蛋2个，猪五花肉250克，酱油2克，味精2克，葱10克，姜10克，精盐3克，猪油20克，干淀粉、料酒适量。

【制作过程】

（1）猪五花肉洗净，剁成肉茸，猪肉馅中加入盐、味精、葱姜末、酱油，加少许清水顺着一个方向搅打至起胶。

（2）鸡蛋打入碗中，加适量生粉和几滴料酒，用力顺着一个方向搅拌均匀。

（3）取模具置于火上加热，用猪油涂抹均匀，倒入适量蛋液，转动模具使蛋液均匀铺在模具内壁。在蛋液未完全凝固且蛋皮的边稍卷起时放入肉馅，将蛋皮对折成荷包形状，再翻过来烙一下。

（4）依次把全部蛋饺做好，摆放在盘中，上笼蒸15分钟取出即可食用。

【制作关键】

（1）肉馅选用的猪五花肉松软适宜。

（2）下油时抹薄薄一层猪油，不需要太多油。

（3）注意控制火力大小，防止焦糊。

【成品标准】

色泽金黄，肉馅鲜嫩。

邵阳蒸蛋饺评分表			
项次	项目及技术要求	配分	得分
1	器具清洁干净、个人卫生达标	10	
2	蛋饺大小一致	20	
3	肉馅鲜嫩，咸淡适中	30	
4	色泽金黄，外型美观	30	
5	卫生打扫干净、工具摆放整齐	10	

实训八　水牛花粑粑

【导入】

水牛花粑粑，邵阳农村人都比较熟悉，每年的春天都会做着吃，它闻着有一股清香味，是春天的味道，是家乡的味道。

【工具】

蒸锅，盆，刀，破壁机或擂钵。

【原料】

糯米粉500克，白糖100克，水牛花300克，箬竹叶或芭蕉叶。

【制作过程】

（1）在田间野外采集水牛花嫩嫩的顶端部分，将老黄叶挑选出来，选取嫩叶部分，洗净晾干水分。

（2）晾干水分后切碎，上破壁机打烂；或手工用擂钵擂烂水牛花。

（3）接着在擂烂的水牛花里加入糯米粉、适量水和白糖搅拌成团。

（4）把搅拌好的水牛花团揉搓成一个个50克左右光滑的小丸子，用箬竹叶或芭蕉叶包成正方块。

（5）将包好的水牛花团放入蒸笼旺火蒸制15分钟成熟即可。

【制作关键】

（1）水牛花采用细嫩的顶端部。

（2）水牛花有甜味，糖可适量添加。

【成品标准】

气味清香，香软可口。

项次	项目及技术要求	配分	得分
水牛花粑粑评分表			
1	器具清洁干净、个人卫生达标	10	
2	水牛花粑粑大小一致	20	
3	口感清香，软糯适口	30	
4	外型美观、整齐	30	
5	卫生打扫干净、工具摆放整齐	10	

实训九　落口溶乔饼

【导入】

落口溶乔饼是娄底市双峰县一道美味可口的小吃点心。因熟制后，用手一拈，能印出指印，落口消溶，从而得名。落口溶乔饼，发端甚早，早在1644年，永丰镇已有龙胜泰等多家店铺出产和经营乔饼。当时，只是简单地将杂柑挤压成圆形，反复蒸煮几次，即可上市。旧时途经永丰去南岳衡山进香的香客，总要购买当地的辣酱、乔饼和五香豆腐干，随身携带，途中食用。清末民初，乔饼的生产有所发展，都以前店后厂的形式出现。在民间，乔饼普遍作为招待贵客和馈赠亲朋的上等礼品。落口溶乔饼，还具有防泻、顺气、止咳、益脾肺、治疗支气管炎、肺气肿等药用功效。

【工具】

蒸笼，盆，布袋，锅，划缝器。

【原料】

杂柑500克，白糖400克，石灰水。

【制作过程】

（1）将杂柑洗净，去表皮，用划缝器划成12-16瓣，去果核。

（2）放入浓度0.2%石灰水浸泡1小时，捞出沥干，放入清水泡24小时，中途换2-3次水。

（3）锅中放水加热，倒入杂柑坯，煮沸后 4-5 分钟捞出放冷水漂洗。

（4）冷却后逐个挤压，再清漂 24 小时，再挤压。

（5）锅中放入一半白糖加入水，倒入杂柑坯，煮制 20 分钟加入剩余白糖煮制 1 小时。待杂柑呈橙红色且明亮，沸点温度达到 108-110℃时，即可离火，沥去糖液。

（6）放入晾盘冷却，晾干即成。

【制作关键】

（1）水分一定要挤压至完全。

（2）杂柑籽一定要去除干净。

（3）煮制时要熟透。

【成品标准】

味甜细腻、落口即溶。

落口溶乔饼评分表

项次	项目及技术要求	配分	得分
1	器具清洁干净、个人卫生达标	10	
2	白绒厚薄均匀	20	
3	颜色橙黄，鲜艳明亮	30	
4	味甜细腻、落口即溶	30	
5	卫生打扫干净、工具摆放整齐	10	

实训十　永丰五味香干

【导入】

五味香干是湖南省的美食，是盛行于永丰等地的地方特色民间美味小吃，辣、甜、咸、香、鲜五味皆备，具有减肥、降脂、消食、健齿、养身等功效。

相传清朝乾隆皇帝游江南，路过双峰县走马街，品尝了当地饭店的"水豆腐菠菜汤"，颇有好感，回京后令侍臣再访走马街，带回便于旅行食用的干豆腐，从此，干豆腐被列为贡品。据《湘乡县志》载，明代永丰镇就有人制作五味香干，用以在旧历年际供奉九天司命。如今，五味香干已成为很多人喜爱有加的风味食品。

【工具】

磨浆机（或石磨），煮锅，筛子（铁皮筛或竹），水缸，盆，勺，豆腐框，晾网，纱布等。

【原料】

黄豆100克，辣椒粉300克，辣椒油300克，香油100克，酱油50克，食盐30克，熟石膏粉3克，白砂糖20克。

【制作过程】

（1）选用一些永丰比较优质的大豆，先用清水浸泡好大豆直到涨发，浸泡时间以6～12个小时为宜。

（2）然后将泡好的豆子，在磨浆机（或石磨）上打成浆，再用大火煮至沸腾，过滤好渣倒入盆中，晾至85℃，加入石膏水搅拌，静置20分钟，倒入豆腐框，纱布包裹，表面压重物，压出水份。

（3）待水沥干后冷却下来就是成型的豆腐了，然后将豆腐倒入模里，压榨成块后撒上各种调料，如辣椒粉、辣椒油、香油、酱油、食盐等，再经过连续24个小时的烘烤，地道的五味香干就制成了。

【制作关键】

（1）精选优质大豆。

（2）豆腐浆一定要细滑，无渣。

（3）煮沸时，要将豆腐表面浮沫撇去。

（4）烘烤时一定要注意时间和温度。

【成品标准】

辣、甜、香、咸、鲜五味俱全。

永丰五味香干评分表			
项次	项目及技术要求	配分	得分
1	器具清洁干净、个人卫生达标	10	
2	质地坚韧，色泽光亮	20	
3	口味纯正，口感滑嫩	30	
4	五味俱全，形状完整	30	
5	卫生打扫干净、工具摆放整齐	10	

实训十一　白溪水豆腐

【导入】

白溪水豆腐，是湖南省娄底市新化县白溪镇的传统小吃。豆腐色泽洁白，质地细嫩，鲜美可口，享有"走遍天下路，白溪水豆腐"的美誉。白溪水豆腐吃法多样，有水豆腐煮汤、泥鳅拌鲜豆腐、鱼冻豆腐等。

【工具】

磨浆机（或石磨），煮锅，纱布，豆腐框等。

【原料】

优质黄豆150克，山泉水1500克，熟石膏粉5克，温水30克。

【制作过程】

（1）选取优质黄豆，反复清洗，用清水泡6-12小时。

（2）将泡好的黄豆和水放入磨浆机制成生豆浆，用纱布过滤。

（3）生浆放入锅中煮开，撇除浮沫，再小火煮5分钟至沸腾，离火凉至85℃左右。

（4）熟石膏粉放入温水中化开，倒入豆浆中快速搅拌，静置20分钟。

（5）将凝固的豆腐脑倒入豆腐框中，用纱布包裹，表面均匀压上重物，把水份压出即成。

【制作关键】

（1）黄豆中不可有烂豆和杂质。

（2）磨好的豆浆需过滤。

（3）豆浆要煮熟，煮透。

【成品标准】

色泽洁白，质地细腻，鲜美可口。

项次	项目及技术要求	配分	得分
	白溪水豆腐评分表		
1	器具清洁干净、个人卫生达标	10	
2	质地细腻，富有弹性	20	
3	色泽洁白，口感细嫩	30	
4	久煮不散，鲜美可口	30	
5	卫生打扫干净、工具摆放整齐	10	

实训十二　南粉合菜

【导入】

南粉合菜，是湖南省娄底市涟源地区的特色小吃。南粉合菜以其色彩斑斓，鲜香糯软，合而不杂，深受人们的喜爱。

【工具】

锅，刀，手勺。

【原料】

红薯粉条 200 克，干豆角 15 克，干黄花 5 克，新鲜蔬菜 100 克，干黑木耳 5 克，蒜 10 克，姜 10 克，尖红辣椒 50 克，五香粉 1.5 克，胡椒粉 1 克，盐 4 克，老抽 5 克，生抽 10 克，猪油 75 克，鸡汤 200 克。

【制作过程】

（1）取出红薯粉条、干豆角、干黄花、干木耳，分别用温水泡发。将豆角、黄花切段，木耳切碎。

（2）将红辣椒切段、姜切丝、蒜切片备用。

（3）大火将锅烧热，倒入猪油，加入红辣椒、姜丝、蒜片煸炒出香味，加粉丝、豆角、黄花、木耳和新鲜蔬菜翻炒，加入适量的盐、生抽、五香粉一起翻炒。

（4）加入鸡汤焖 30 秒左右，倒入生抽后关火。

（5）出锅时加入胡椒粉和辣椒油即可。

湘式风味小吃

【制作关键】

（1）必须用大火大灶，火候要恰到好处，不足则无法入味。

（2）必须要用猪油炒，炒出来的菜才香。

【成品标准】

色彩斑斓，鲜香糯软，味道鲜美，"合"而不杂。

南粉合菜评分表			
项次	项目及技术要求	配分	得分
1	器具清洁干净、个人卫生达标	10	
2	味道鲜美，"合"而不杂	20	
3	色彩斑斓	30	
4	鲜香软糯	30	
5	卫生打扫干净、工具摆放整齐	10	

实训十三　新化杯子糕

【导入】

娄底新化特产杯子糕，又称肚脐糕，有金元宝和银元宝两种。其中主打金元宝以红糖和米糖调色，银元宝用白粮或糖精与面制成。杯子糕貌似元宝，大小与婴儿拳头差不多，颜色透亮，质地细腻白嫩，口感香软，略有粘连。新化杯子糕以新化县城关镇南门楼下的杯子糕最为出名，并且与城关镇毕家巷的鼎灰粑、咸生巷的面条被称为"新化三绝"。

【工具】

蒸锅，磨浆机（或石磨），杯形模具，竹签，煮锅。

【原料】

大米250克，红糖100克，酵米浆250克，食用碱液5克。

【制作过程】

（1）将大米淘洗干净，放入清水盆内浸泡5个小时，捞出，加水磨成米浆，流入袋内压成吊浆。沸水锅内加吊浆150克，置旺火上煮成熟芡。

（2）在盆内加入熟芡、酵米浆与吊浆搅拌，边拌边加清水，拌成不干不稀状，盖上盖，发酵约5个小时。

（3）将发酵好的米浆，舀在陶瓷钵内，放入红糖，食用碱液拌匀。

（4）将锅置旺火上，加清水烧沸，放上笼屉，笼内摆上杯形模具，把米浆舀入各个杯形模具中，盖上笼盖，蒸10分钟，用竹签戳一下杯中的米糕，竹签上无生白浆即可起锅，再用竹签逐个挑出即可食用。

【制作关键】

（1）大米要淘洗3次，去净杂质。

（2）用沸水锅吊浆，不能煮过。

（3）发酵米浆时，以浆鼓起小泡呈蜂窝状为宜。

（4）搅拌时，顺时针搅拌至顺滑无颗粒。

（5）蒸制时以软嫩为佳，不能太过。

【成品标准】

形如元宝，口味香甜；色泽透亮，质地细腻软糯；内部呈蜂窝状，有嚼劲。

新化杯子糕评分表			
项次	项目及技术要求	配分	得分
1	器具清洁干净、个人卫生达标	10	
2	形如元宝，口味香甜	20	
3	色泽透亮，质地细腻软糯	30	
4	内部呈蜂窝状，有嚼劲	30	
5	卫生打扫干净、工具摆放整齐	10	

实训十四　水车鱼冻

【导入】

在新化县水车镇，有十万亩紫鹊界梯田，有百年之久的古民居，有源远流长的梅山武术，还有一道让人垂涎欲滴的传统美食"水车鱼冻"。在初冬时节，叶木枯黄，落叶如蝶时，是新化水车人吃"鱼冻"的好时节。

水车鱼冻，用材极讲究。必用当地河溪、山潭新鲜鱼；必汲取百年古井之泉水；必不放油、葱等任一种调味品，仅放少许盐将其炖熟，然后加器物覆盖置于室外，只要气温低于18 ℃，鱼汤便会自然冻结。最奇怪的是，鱼汤冻结后，在常温下不会再融化，曾有好事者不服，将外面的鱼带到水车，用当地水煮，或将当地水带去煮从别处取材的鱼，还有人把鱼、水一起带至山外，试图打破水车鱼冻的美味神话，均以失败告终。虽有夸张，但也足以说明水车鱼冻具有独特的本土特色。

【工具】

锅，刀，手勺。

【原料】

山潭新鲜鱼1条，百年古井泉水500克，盐20克，白醋10克，生姜10克，香叶10克。

【制作过程】

（1）鱼出水后，清洗外表，去鳞和内脏，将鱼腹黑色黏膜抠下。将鱼切成两指宽反复冲洗血水，放入大盆中，加入适量食盐、白醋拌匀后，放置1～2个小时。

（2）将鱼放入大锅中，加入泉水、生姜、香叶、盐，大火煮沸，捞出浮沫，改小火炖煮90分钟，捞出香叶和生姜，除去鱼汤表面杂质。

（3）先将鱼肉盛入碗里，再将鱼汤均匀倒入碗中，让其18℃以下冷却凝结即可。

【制作关键】

（1）鱼肉要反复清洗，去除血水。

（2）鱼需要冷水下锅，先大火再小火，鱼肉不能煮烂。

（3）不放油、鸡精、味精等佐料。

（4）煮制过程中不得再添加或减少水量。

【成品标准】

入口不烂即化，又有几分嚼劲，鲜香甜美，十分爽口。

\multicolumn{4}{c}{水车鱼冻评分表}			
项次	项目及技术要求	配分	得分
1	器具清洁干净、个人卫生达标	10	
2	鱼冻晶莹剔透	20	
3	入口不烂即化，有几分嚼劲	30	
4	鲜香甜美，爽口	30	
5	卫生打扫干净、工具摆放整齐	10	

练习题

一、单选题

1.宝庆猪血丸子的主要制作原料是（　　　）。

A.猪血　　　　　　　　B.鸡血　　　　　　　　C.鸭血

2.武冈米花红的放下层，白的放上层是为了防止（　　　）。

A.窜味　　　　　　　　B.染色　　　　　　　　C.变质

3.武冈卤豆腐的主要原料是（　　　）。

A.黄豆　　　　　　　　B.红豆　　　　　　　　C.绿豆

4. 宝庆猪血丸子是（　　　）传统食品。

A. 邵阳   B. 山东   C. 广西

5. 武冈米花制作速度要（　　　），否则糯米凉了就无法相粘。

A. 慢   B. 稳   C. 快

6. 制作卤豆腐时，要把豆浆冷却到（　　　）℃加入石膏凝固。

A. 30   B. 70   C. 10

7. 卤豆腐烘干的温度不能（　　　），否则豆腐会开裂。

A. 过低   B. 过高   C. 一样

8. 制作武冈卤铜鹅时，要想保持新鲜，需要注意（　　　）。

A. 制作速度要快   B. 卤制火力要大   C. 铜鹅要小

9. 蒸蛋饺的馅料选用（　　　）为宜。

A. 猪头肉   B. 猪五花肉   C. 猪瘦肉

10. 下列不属于麦芽糖的成品标准的是（　　　）。

A. 色泽金黄透亮   B. 甜而不腻   C. 成品内空心

11. 毕家巷鼎灰粑、咸生巷的面条和（　　　）并称"新化三绝"。

A. 新化杯子糕   B. 糁子粑   C. 水车糍粑

12. 南粉合菜属于娄底（　　　）特色小吃。

A. 新化地区   B. 冷水江地区   C. 涟源地区

13. 新化三合汤有两样调料要求特殊，分别是红辣椒和（　　　）。

A. 花椒   B. 胡椒粉   C. 山胡椒油

14. 永丰五味香干在（　　　）时候被列为贡品。

A. 清朝   B. 明朝   C. 宋朝

15. 制作永丰五味香干时需要先去壳、浸泡、磨浆、过滤、蒸黄、调配、入模、榨压，再均匀地撒上辣椒粉、辣椒油、香油、酱油、食盐，然后连续（　　　）24个小时而制成。

A. 烘烤   B. 风干   C. 腌制

二、判断题

1. 宝庆猪血丸子不用烘干，可以直接风干。（　　）

2. 制作武冈卤豆腐时采用新鲜的大豆为最佳。（　　）

3. 制作武冈米花蒸糯米时，红米放下层，避免米粒落下染红白米。（　　）

4. 卤制武冈铜鹅时卤汁不用淹没铜鹅。（　　）

5. 制作铜鹅速度要快，从宰杀到卤制不能超过 3 个小时。（　　）

6. 蛋饺的外皮是用面粉调制的。（　　）

7. 邵阳特产武冈空饼是端午节的习俗。（　　）

8. 水牛花粑粑选用花的根部来进行制作，成品口感软糯清香。（　　）

9. 水牛花本身无甜味，制作水牛花粑粑时可以大量加糖来增加甜度。（　　）

10. 白溪水豆腐具有色泽洁白、质地细嫩、久煮不散的特点。（　　）

11. 水车鱼冻，用材讲究，必用当地河溪、山潭新鲜鱼，必汲取百年古井之泉水。（　　）

12. 永丰五味香干具有辣、甜、咸、香、鲜五味俱全的特点。（　　）

13. 落口溶乔饼主要食材是优质杂柑。（　　）

14. 娄底新化特产杯子糕，又称肚脐糕。（　　）

15. 南菜合粉主要制作原料有绿豆粉丝、干黄花、干笋尖、时令蔬菜、山胡椒粉、鸡汤、猪油等。（　　）

三、思考题

1. 大梅山地区主要包括哪些？

2. 娄底地区有哪些风味小吃？

3. 武冈空饼有何特点？

4. 简述新化三合汤的麻、辣、鲜、香的特点。

5. 简述永丰五味香干的制作过程。